蜀地筑作

同济设计成都分公司·十周年作品集

同济大学建筑设计研究院（集团）有限公司成都分公司 编著

同济大学出版社·上海

图书在版编目（CIP）数据

蜀地筑作：同济设计成都分公司·十周年作品集 / 同济大学建筑设计研究院（集团）有限公司成都分公司编著 . -- 上海：同济大学出版社，2022.12
　ISBN 978-7-5765-0543-6

　Ⅰ.①蜀… Ⅱ.①同… Ⅲ.①建筑设计－作品集－中国－现代 Ⅳ.① TU206

中国版本图书馆 CIP 数据核字 (2022) 第 244554 号

蜀地筑作：同济设计成都分公司·十周年作品集
同济大学建筑设计研究院（集团）有限公司成都分公司　编著

责任编辑	武　蔚	
责任校对	徐春莲	
出版发行	同济大学出版社 http://www.tongjipress.com.cn	
	（地址：上海市四平路 1239 号 邮编：200092 电话：021-65985622）	
经　　销	全国各地新华书店，建筑书店，网络书店	
印　　刷	上海安枫印务有限公司	
开　　本	787mm×1092mm　1/12	
印　　张	16	
字　　数	403 000	
版　　次	2022 年 12 月第 1 版	
印　　次	2022 年 12 月第 1 次印刷	
书　　号	ISBN 978-7-5765-0543-6	
定　　价	158.00 元	

本书若有印装质量问题，请向本社发行部调换　版权所有　侵权必究

谨以此书献给为同济大学建筑设计研究院（集团）有限公司成都分公司（2012–2022）付出辛勤劳动的人们
To the people who have worked hard for Chengdu Branch of Tongji Architectural Design (Group) Co., Ltd. (2012–2022)

前言

王宁

同济大学建筑设计研究院（集团）有限公司成都分公司
常务副总经理

同济大学建筑设计研究院（集团）有限公司成都分公司自2012年正式成立以来已经走过了10个寒暑，在集团领导的关心下，分公司抓住了西南地区发展的机遇，由一棵"幼苗"成长为集团西部的重要战略支点，承担西南地区的市场推广、项目承接、项目设计、现场服务等职责，发挥了集团西部发展的"桥头堡"作用。分公司现汇集150余名优秀的专业设计师，涉及建筑、规划、室内、景观、结构、设备等专业，为客户提供优质的全过程设计咨询服务。

成都分公司发扬"同济设计"的核心精神，坚持原创，以创作设计精品为宗旨，让建筑作品成为增强文化自信的媒体，为业主提供适宜的建设策略。分公司业绩涵盖教育建筑、文体建筑、医疗建筑、酒店建筑、产业园区、城市更新、公共景观等领域，形成了以教育、文体、医疗、公共景观为强项的产品系列。

在过往的10年中，分公司依托集团总部强大的技术支撑，整合同济优势技术资源，协同或独立完成了电子科技大学永宁校区、四川师范大学青白江校区、北京吉利学院成都校区、内江师范学院新校区、四川城市职业学院眉山校区等多个大学校园项目，以及广安小平干部学院、潜江文化中心、内江大剧院、自贡第四人民医院城南院区、达州第一人民医院等多个文化医疗项目的设计，充分发挥了分公司的技术特点和地域优势，打出了"品牌+技术+服务"的组合拳，获得了市场和业界的认可，在区域内发出了"同济设计"的响亮声音。

此外，成都分公司充分发挥在地优势，持续推进校地合作，并根据同济大学和集团的战略部署与要求，深度参与了多项援建工作。全体员工曾奋战在2008年汶川地震援建都江堰、2013年雅安芦山地震援建宝兴、2019年宜宾长宁地震援建长宁以及2020年凉山彝族自治州昭觉县精准扶贫工作的第一线，克服各种困难和不利条件，出色地完成了学校和集团交办的各项工作，为灾区的重建和精准扶贫贡献了力量，获得了良好的社会效益，与当地人民结下了深厚的情谊。

本书既是对分公司过去10年工作的回顾和总结，也是分公司持续发展的一个新起点。分公司将始终坚定不移地执行集团的战略部署，作为集团在西南的"桥头堡"，继续发挥在地优势，深度推进校地合作、产学研结合、市场拓展、品牌推广、生产经营、现场服务等全方位的综合性业务；继续加强团队方案原创能力，以获得更多的市场机会，同时大力提高项目整体解决方案的设计能力，从项目管理、关键技术集成、成本控制等方面加强能力建设。未来，分公司将紧跟集团的脚步，加强技术资源的整合与协同，将同济优势设计资源与在地服务相结合，全力发展全过程、跨专业的技术集成能力，加强科技创新，加快设计产品升级，以提供更高科技附加值的设计产品，将更多、更好的同济作品带给中国西南地区的各个城市，为集团西部战略的实施贡献力量！

目录 CONTENTS

1 前言

4 十年成长 2012–2022

5 壹｜初心：缘起援建 初心不忘

29 贰｜立足：敦本务实 扎根西南

67 叁｜拓展：领域开拓 多元发展

105 肆｜聚焦：聚焦创作 全程咨询

137 伍｜奋进：砥行立名 蹈厉奋发

175　项目实录

176　规划与城市设计

177　教育医疗项目

181　文化体育项目

182　商住产业园

183　援建扶贫项目

183　公共景观项目

186　附录

187　获奖项目一览表

十年成长 2012-2022

壹 | 初心：缘起援建 初心不忘

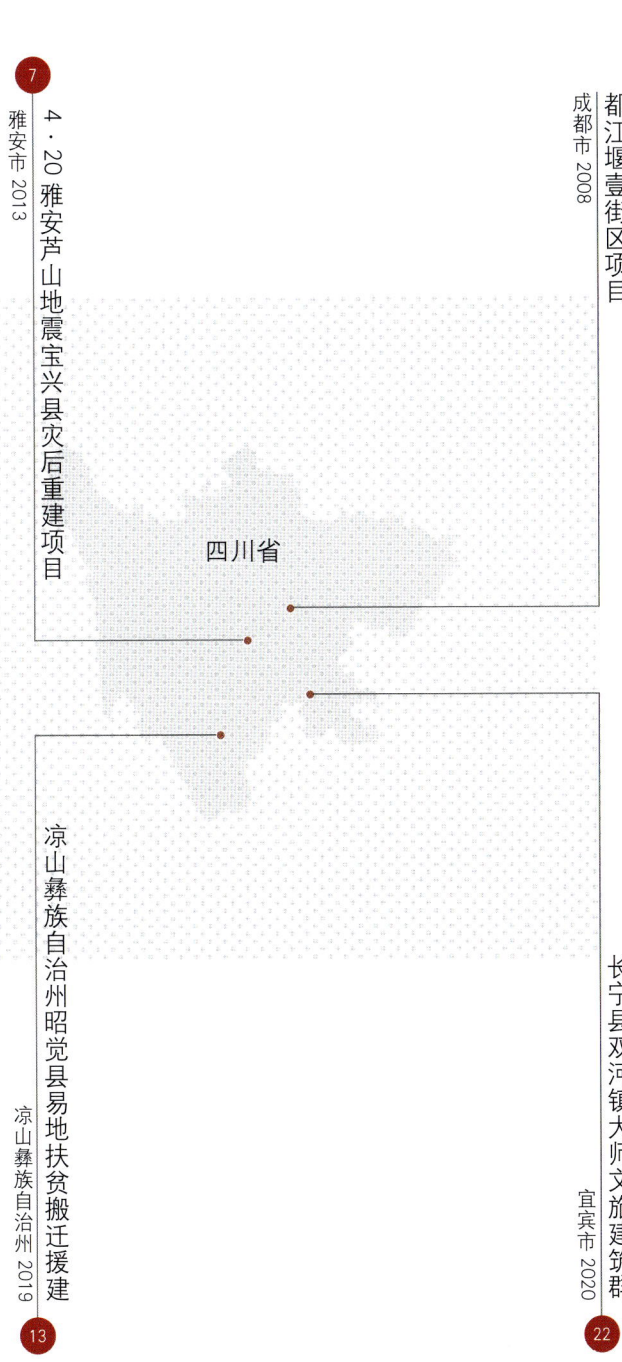

都江堰壹街区项目　成都市 2008

4·20 雅安芦山地震宝兴县灾后重建项目　雅安市 2013

四川省

凉山彝族自治州昭觉县易地扶贫搬迁援建　凉山彝族自治州 2019

长宁县双河镇大师文旅建筑群　宜宾市 2020

- 蜂桶寨乡盐井坪安置点 2013.11
- 穆坪镇大河坝组安置点 2013.12
- 宝兴县灾后重建城乡居民住房（两河口安居房）项目 2013.12
- 宝兴县幼儿园灾后恢复重建项目 2014.02
- 宝兴县熊猫古城景区游客综合体 2015.08
- 五龙乡胜利村嵖尔山安置点 2014.03
- 穆坪镇新光村胜利组安置点 2014.09
- 五龙乡东升村园根地安置点 2014.09
- 五龙乡团结村弥勒沟安置点 2013.10
- 明礼乡庄子河坝安置点 2014.01
- 五龙乡海子塘安置点 2013.11

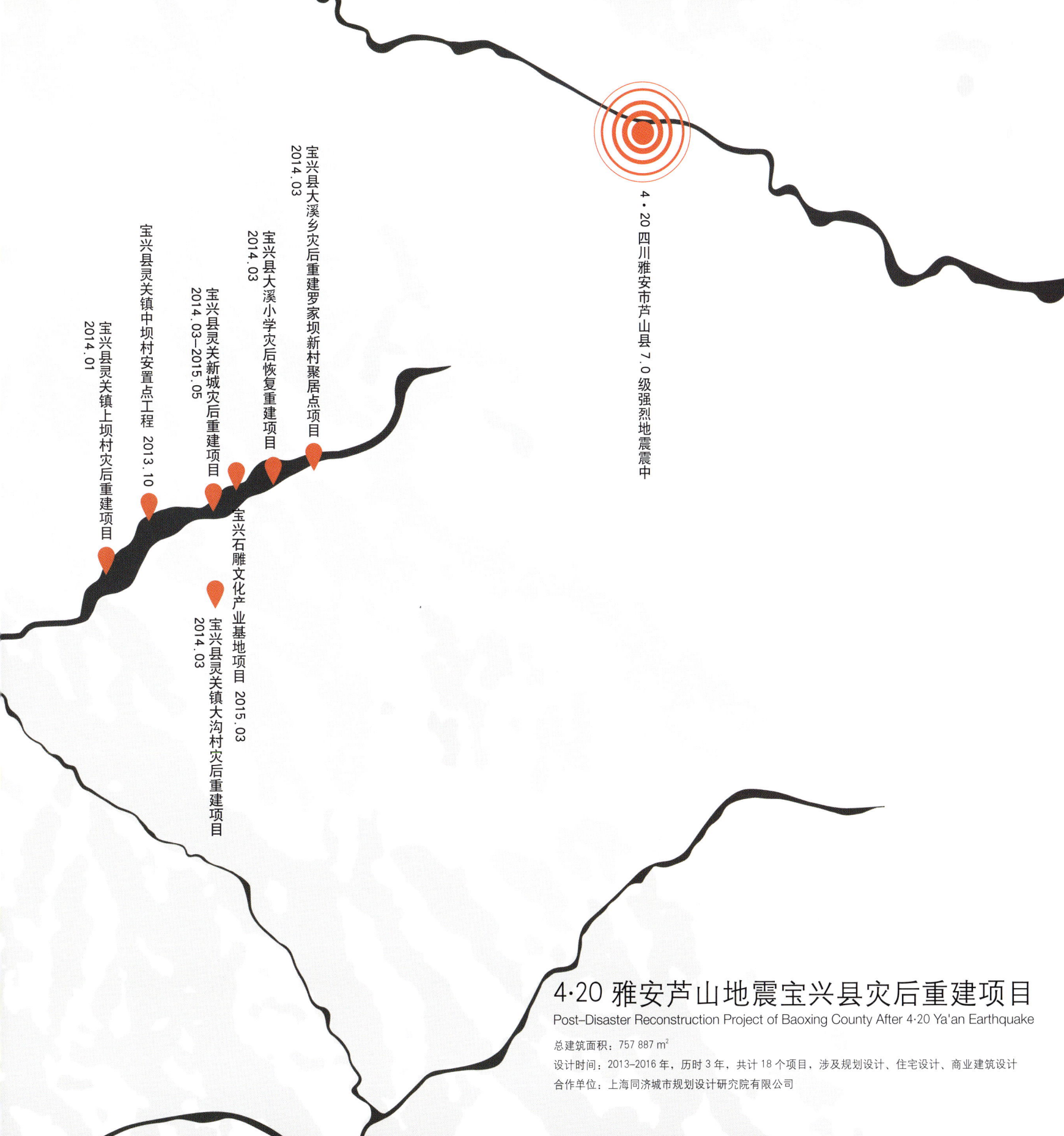

4·20 雅安芦山地震宝兴县灾后重建项目
Post-Disaster Reconstruction Project of Baoxing County After 4·20 Ya'an Earthquake

总建筑面积：757 887 m²

设计时间：2013—2016年，历时3年，共计18个项目，涉及规划设计、住宅设计、商业建筑设计

合作单位：上海同济城市规划设计研究院有限公司

具体项目信息

2013.10
五龙乡团结村弥勒沟安置点
项目类型：安置房规划及设计
总建筑面积：10 130 m²

2013.10–2015.06
宝兴县灵关镇中坝村安置点工程
项目类型：安置房规划及设计
总建筑面积：16 852 m²

2013.11–2014.08
五龙乡海子塘安置点
项目类型：安置房规划
总建筑面积：11 507 m²

2013.11
蜂桶寨乡盐井坪安置点
项目类型：安置房规划
总建筑面积：12 817 m²

2013.12–2015.11
宝兴县灾后重建城乡居民住房（两河口安居房）项目
项目类型：安置房规划及设计
总建筑面积：95 134 m²

2013.12–2014.01
穆坪镇大河坝组安置点
项目类型：安置房规划及设计
总建筑面积：21 986 m²

2014.01–2015.05
宝兴县灵关镇上坝村灾后重建项目
项目类型：道路及单体设计
总建筑面积：28 666 m²

2014.01–2014.10
明礼乡庄子河坝安置点
项目类型：安置房规划及设计
总建筑面积：9310 m²

2014.02–2014.09
宝兴县幼儿园灾后恢复重建项目
项目类型：学校规划及设计
总建筑面积：3221 m²

2014.03–2015.05
宝兴县灵关新城灾后重建项目
项目类型：城市规划及设计
总建筑面积：382 168 m²

2014.03–2015.06
宝兴县大溪小学灾后恢复重建项目
项目类型：学校规划及设计
总建筑面积：4300 m²

2014.03–2014.12
五龙乡胜利村嵖尔山安置点
项目类型：安置房规划及设计
总建筑面积：6822 m²

2014.03–2014.07
宝兴县大溪乡灾后重建罗家坝新村聚居点项目
项目类型：安置房规划及设计
总建筑面积：25 169 m²

2014.03–2015.09
宝兴县灵关镇大沟村灾后重建项目
项目类型：安置房规划及设计、道路设计
总建筑面积：10 578 m²

2014.09
五龙乡东升村园根地安置点
项目类型：安置房规划及设计
总建筑面积：2925 m²

2014.09–2014.10
穆坪镇新光村胜利组安置点
项目类型：安置房规划及设计
总建筑面积：10 660 m²

2015.03–2015.11
宝兴石雕文化产业基地项目
项目类型：展览馆设计
总建筑面积：7774 m²

2015.08–2016.11
宝兴县熊猫古城景区游客综合体
项目类型：商业综合体
总建筑面积：20 715 m²

五龙乡团结村弥勒沟安置点

蜂桶寨乡盐井坪安置点

穆坪镇新光村胜利组安置点

五龙乡胜利村嵯尔山安置点

明礼乡庄子河坝安置点

宝兴县灾后重建城乡居民住房（两河口安居房）项目

宝兴石雕文化产业基地项目

宝兴县灵关镇中坝村安置点工程

宝兴县熊猫古城景区游客综合体

灵关新城鸟瞰

灵关新城沿街透视

灵关新城街角透视

灵关新城住宅区透视

新技术的运用

宝兴县幼儿园灾后恢复重建项目、宝兴县大溪小学灾后恢复重建项目、灵关县中心校区、灵关新城幼儿园采用的是隔震技术。

宝兴石雕文化产业基地项目采用的是减震技术。

灵关县中心校校区

宝兴县大溪小学

宝兴县幼儿园

宝兴县幼儿园鸟瞰

宝兴石雕文化产业基地

"人"字阻尼减震器（1）

隔震支座（1）

隔震支座（2）

"人"字阻尼减震器（2）

2# 安置地块鸟瞰

凉山彝族自治州昭觉县易地扶贫搬迁援建
Relocation Assistance for Poverty Alleviation in Zhaojue County, Liangshan Yi Autonomous Prefecture

建设地点：四川省凉山彝族自治州
设计时间：2019 年
建设情况：2020 年竣工
建设单位：昭觉县国有投资发展有限责任公司
基地面积：387 262 m²
建筑面积：398 860 m²
项目类型：精准扶贫安置房

Location: Liangshan Yi Autonomous Prefecture, Sichuan
Design: 2019
Completion: 2020
Construction unit: Zhaojue County State Owned Investment Development Co., Ltd.
Residential land area: 387 262 m²
Residential building area: 398 860 m²
Project type: Targeted poverty alleviation

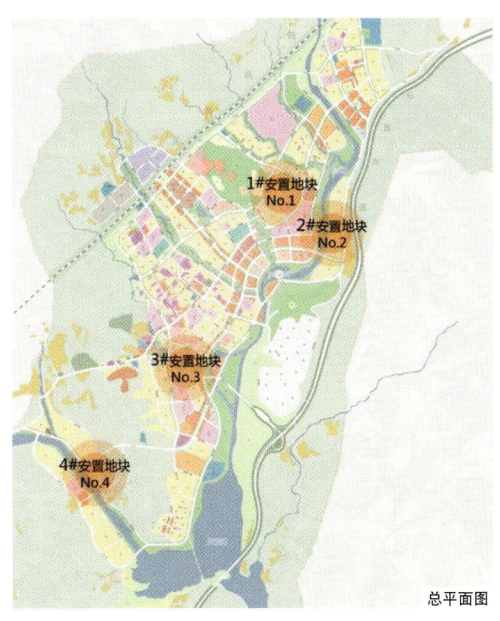

总平面图

本项目是在国家全面脱贫攻坚大背景下四川省规模最大的易地扶贫搬迁安置项目。昭觉县位于凉山彝族自治州，地处大凉山腹心地带，西距西昌 100 km，彝族占地区总人口的 98%。这里是彝族文化的发祥地之一，历史上曾为凉山州的古州府所在地，极富文化底蕴。本建设项目承担着昭觉县 70% 的易地扶贫搬迁人口安置任务。

项目共计四个安置社区，考虑对城镇的带动与发展，安置点均衡地布置在整个县城。共安置 3900 余户，涉及 1.8 万余人，其中包括 84 户被称为"悬崖村"的阿土列尔村村民。

从边远山区的村寨搬到县城，从"村民"变"居民"，如何平衡新社区与居民生活习惯之间的矛盾显得十分重要。设计既充分尊重彝族的传统文化和地域特点，留住乡愁，又体现出时代性，打造新时代彝区新风貌，为城镇注入新活力。

居民区道路　　手工艺制作室　　街景

设计难点1：如何把控安置工作的特殊要求与村民再就业要求

设计策略1：打造居旅结合的彝风新城

①结合少数民族特色，引入特色商业街，销售地方特产、文创产品等，解决失地居民再就业问题；

②引入文化产业，布置彝族文化展厅、扶贫纪念馆、非遗工坊、培训教室等功能，培育传统手工艺传承人，支撑特色旅游发展。

设计难点2：如何尊重原有生活习惯及习俗，传承民族文化

设计策略2-1：构建开放社区，营造活力社区

①构建开放社区：社区布局延续传统聚居模式，向传统彝寨学习，与城市周边街区、现状村落、自然环境共生共荣；打破传统社区与城市的壁垒，将社区街道完全向城市开放；

②营造活力社区：设计延续传统空间结构，居住组团形成以公共空间为中心的围合式布局，加强社区交流、社群融合，创造多元、多样的社区交流空间。

设计策略2-2：文化延续的在地建构

将穿斗搁架式结构、"万物格霏观"下的室内采光技术、彝族特色外墙构造、彝族建筑装饰技术等传统建筑元素进行转译重构。

设计难点3：如何为少数民族扶贫安置项目打造示范性样板

设计策略3：原型提取、类型演绎的设计模式

①设计路线：选址类型与原则—材料及特色—装饰技术—民俗活动与空间需求；

②设计手法：按照"聚落风貌控制—建筑群体组合—建筑单体形象—建筑细部装饰"的逻辑应用上述技术路线。

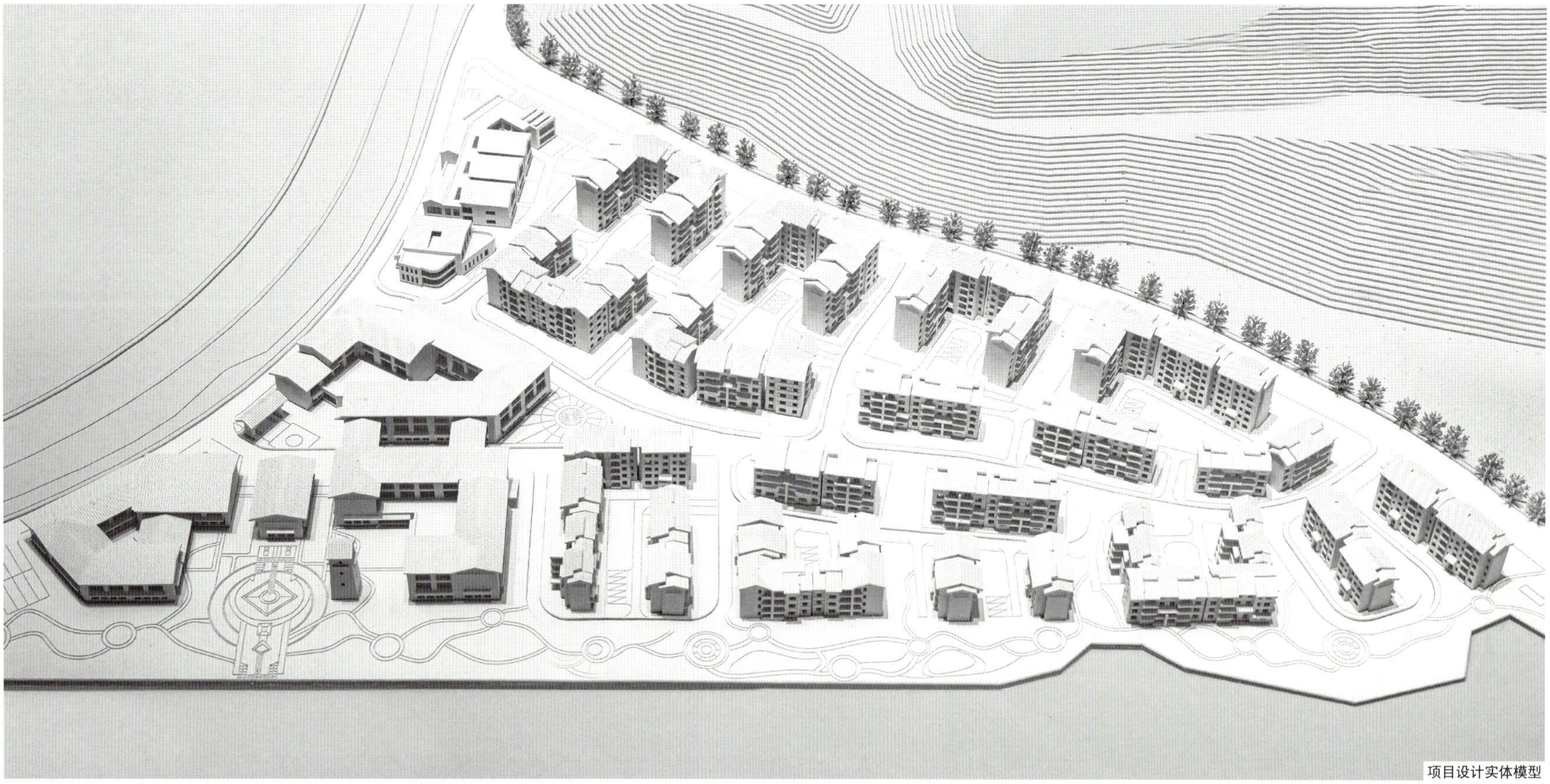

项目设计实体模型

一号地块鸟瞰

三号地块鸟瞰

四号地块鸟瞰

幼儿园室外

居民楼内庭

社区组团中心

经济效益：

社区中心的非遗工坊为居民提供了"彝绣"的培训、展示和销售场所。当地绣娘从最初的 50 多人已经发展到今天的 2000 余人，接到彝绣订单共计 100 余万元。

社区多次开展厨师、家政服务、电工、焊工等各类就业培训，累计培训 13 300 人次。

安置点的社区中心和商业配套，以及阿土列尔村等资源带来良好的旅游开发效应，未来可实现千万元级的旅游收入增长。

社会效益：

昭觉县易地扶贫安置项目平稳有序的落成，帮助凉山彝族山区的贫困群众从艰苦的环境中走出来，为他们提供了全新的生活环境和生活方式。本项目加快了昭觉县的城镇化建设，为大量边远地区的群众提供了就业机会，提高了他们的生活水平，取得了良好的社会效益。

本项目获得全国各大媒体的高度关注和好评，其中包括中央电视台的《新闻联播》《我和我的村庄》等节目，以及香港电视广播有限公司录制的专题纪录片《无穷之路》等，社会影响显著。

环境效益：

本项目规划尊重原始地形，保留现场林木，融入周边自然环境，与周边村落相协调。

幼儿园室内采光中庭

幼儿园二层敞廊

社区组团山门

幼儿园操场

居民区菜市场

大师文旅建筑群鸟瞰

长宁县双河镇大师文旅建筑群
Cultural and Tourism Complex in Shuanghe Town, Changning County

建设地址：四川省宜宾市
设计时间：2020 年
建设情况：2021 年竣工
建设单位：长宁县城市建设投资有限公司
建筑面积：1500~2100 m²
项目类型：文化、旅游建筑

Location: Yibin, Sichuan
Design: 2020
Completion: 2021
Construction unit: Changning County Urban Construction Investment Co., Ltd.
Residential buiding area: 1500~2100 m²
Project type: Culture and tourism

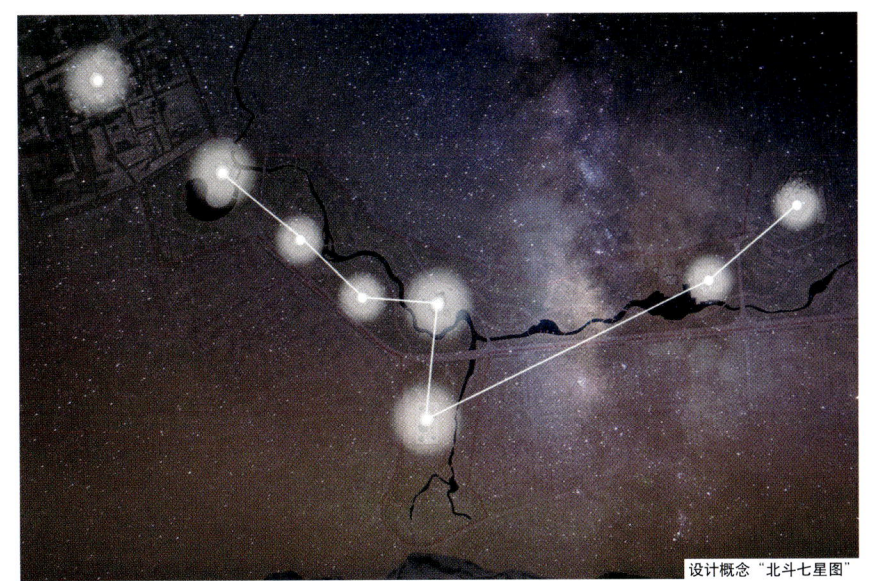

设计概念"北斗七星图"

大师文旅建筑群总体规划图

　　本项目是同济设计成都分公司与同济大学建筑设计研究院（集团）有限公司大师团队的合作项目，是2019年四川宜宾6.0级地震后长宁县双河镇灾后重建与提升工程。建筑部分由6座个性鲜明、造型独特的单体建筑构成，成都分公司完成了其中的"重建馆""凉糕非遗馆""竹食餐厅""竹食研发中心"4座单体建筑的深化设计。

　　项目单体面积适中，为1500~2100 m²；建筑功能较为单纯，分别为纪念性展示、传统技艺展示、餐饮与研发展示。业主希望通过项目的设计与建设，打造以东溪公园为基地主体的旅游度假小镇，体现单体建筑的"网红效应"，带动地方旅游发展，实现"重建美好家园"的目标。

该项目的特殊性赋予建筑师充分的发挥空间，让建筑可以摆脱烦琐功能限制，专注于精神层面的空间感受及形体切割，让地域文脉融入建筑，将自然引入建筑。例如重建馆巧妙利用"迷宫"这一意象，隐喻灾后面临的困难局面，传达出人们共同面对困难、迎接新生活的决心与愿望；凉糕非遗馆以"勺取凉糕"的动势塑形，将建筑体量打散，取"反宇向阳"的动势，形成建筑屋面造型；竹食餐厅沿用四川传统建筑院落组织空间和序列关系，以中庭内大型竹构架构建空间，形成独特的视觉感受；竹食研发中心取"竹波悠悠"的意趣，通过连续弧面的双坡屋顶、透明与半透明交替的外围护结构，重塑川南民居中"人在檐下穿梭"的极具生活气息的小世界。

地域性材料与特殊构造在建筑中的运用同样是建筑师在方案创作及实施过程中关注的重点，例如突出建筑体量感与竹文化的竹模清水混凝土外墙、模拟当地喀斯特石林风貌景观而采用的深灰色小块厚重石灰岩装饰外墙、响应当地竹文化及竹产业的大型竹构架，以及采用混凝土连续浇筑的双坡屋顶及挑檐等。

建筑师对建筑形体和空间组织的独特构思与较高完成度的施工控制，为长宁双河镇带来了别具一格的"大师建筑"。本项目的落成是同济设计用技术支持灾后乡镇重建与品质提升的又一成功案例。

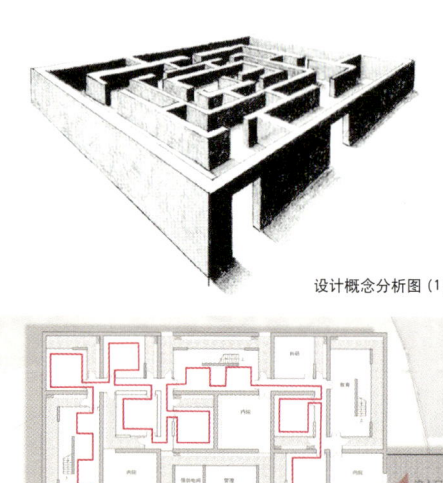

设计概念分析图（1）

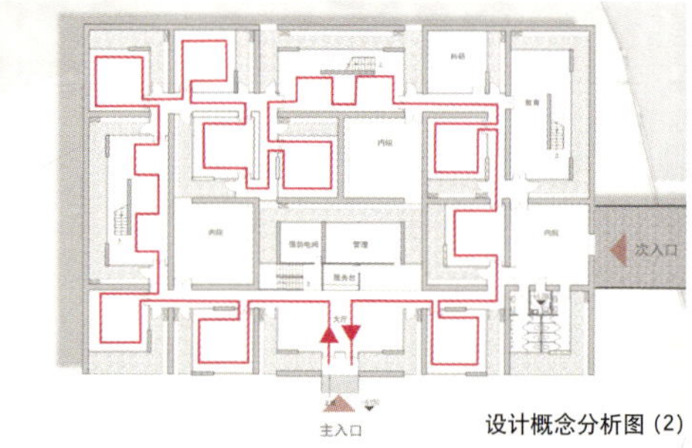

设计概念分析图（2）

重建馆鸟瞰

凉糕非遗馆鸟瞰

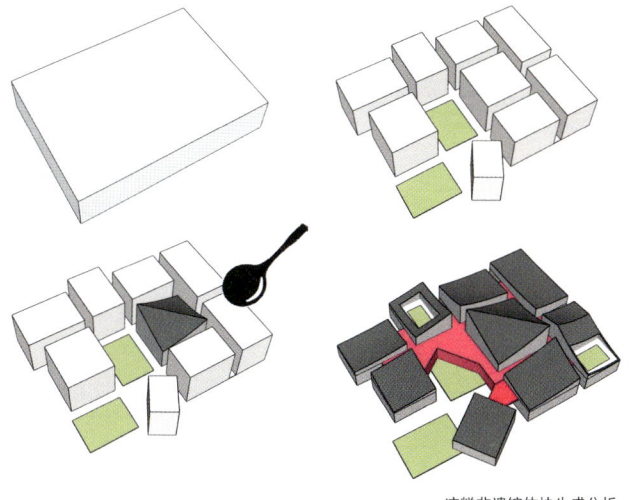

凉糕非遗馆体块生成分析

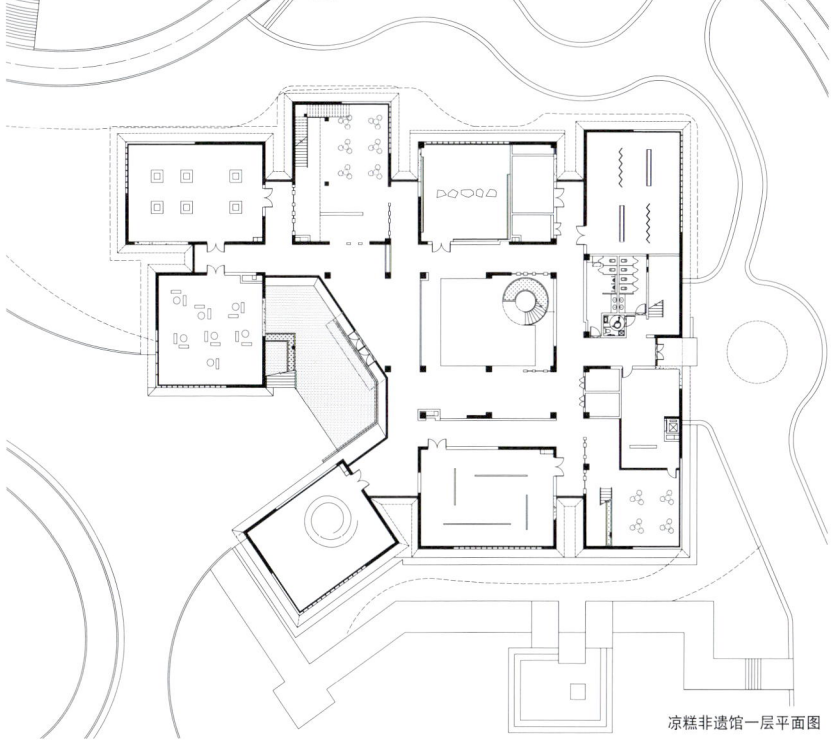

凉糕非遗馆一层平面图

竹食餐厅鸟瞰

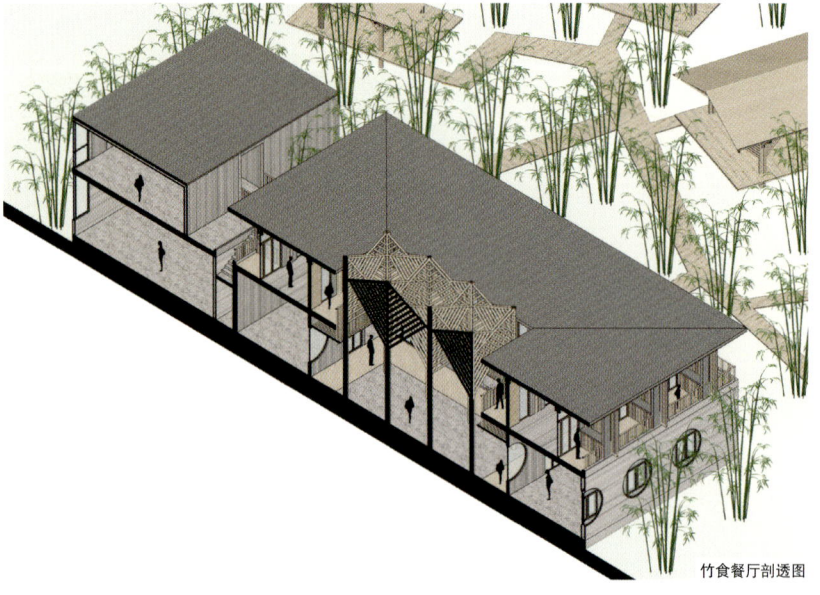

竹食餐厅剖透图

竹食餐厅室内

竹食研发中心鸟瞰

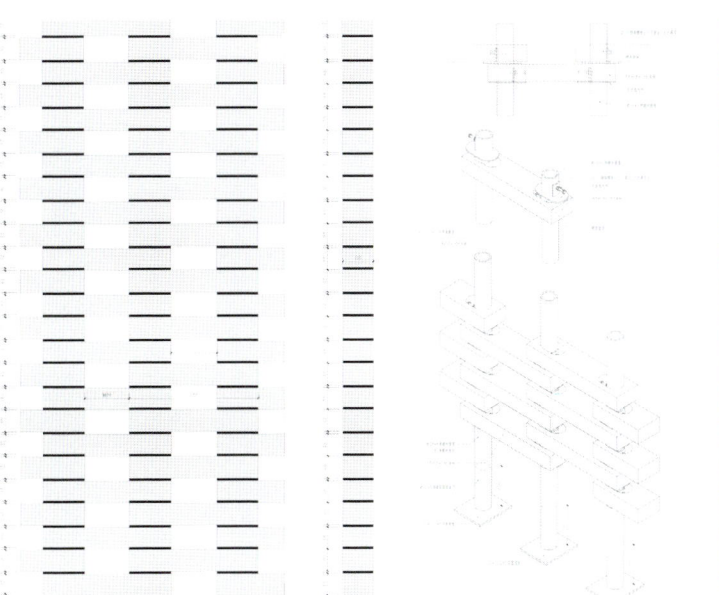

竹食研发中心立面细节

贰 | 立足：敦本务实 扎根西南

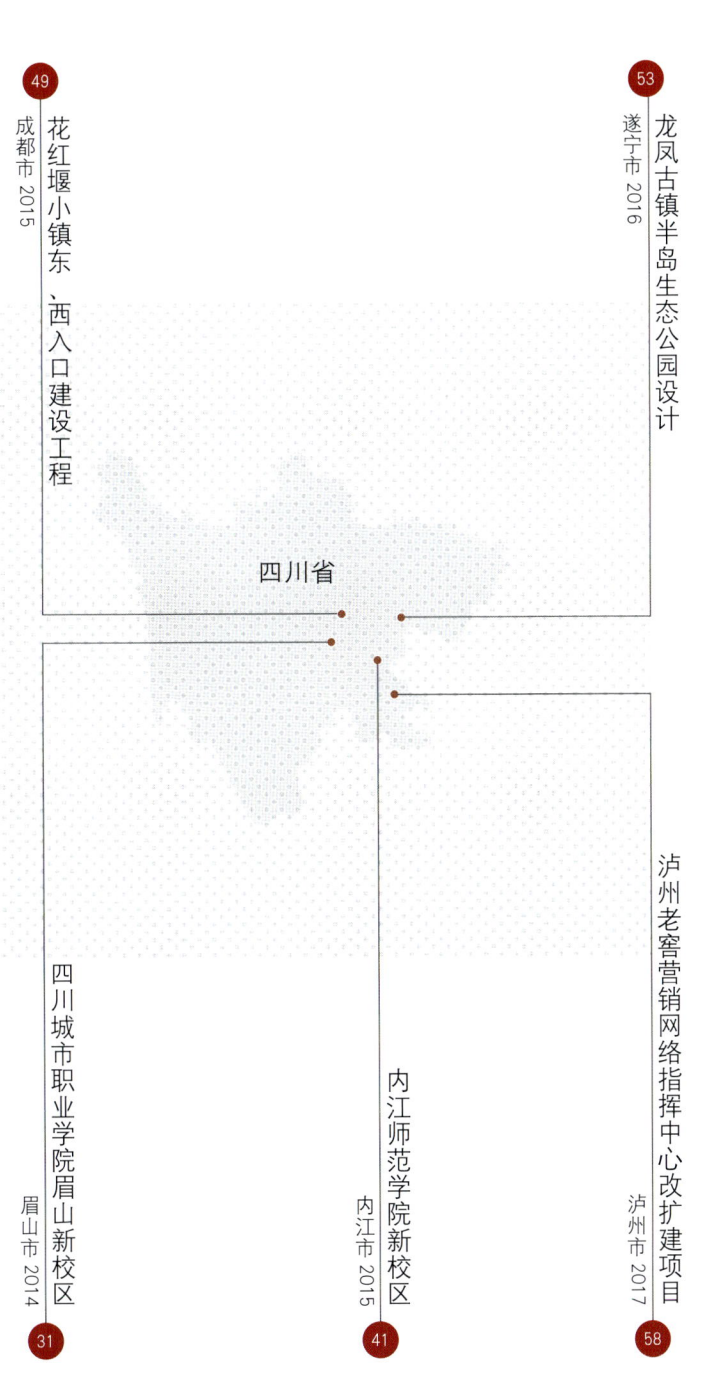

- 49 花红堰小镇东、西入口建设工程　成都市 2015
- 53 龙凤古镇半岛生态公园设计　遂宁市 2016
- 58 泸州老窖营销网络指挥中心改扩建项目　泸州市 2017
- 41 内江师范学院新校区　内江市 2015
- 31 四川城市职业学院眉山新校区　眉山市 2014

新校区主入口鸟瞰

四川城市职业学院眉山新校区
Meishan New Campus of Sichuan Urban Vocational College

建筑地点：四川省眉山市
设计时间：2014 年
建设情况：2022 年竣工
建设单位：四川城市职业学院
合作单位：上海同济城市规划设计研究院有限公司
基地面积：492 703 m²
建筑面积：478 103 m²
项目类型：教育建筑

Location: Meishan, Sichuan
Design: 2014
Completion: 2022
Construction unit: Sichuan Urban Vocational College
Collaborator: Shanghai Tongji Urban Planning & Design Institute Co., Ltd.
Residential land area: 492 703 m²
Residential building area: 478 103 m²
Project type: Education

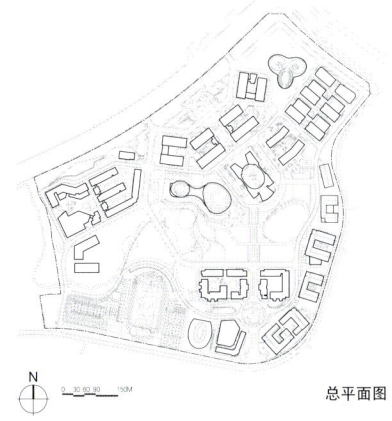

总平面图

　　四川城市职业学院眉山新校区位于眉山市岷东新区，规划在总体布局和建筑设计中力图展现新颖的创意和独特的风格，创造具有时代精神与人文底蕴、功能完整、生态系统完备且独特、体现高职院校以职业技术教育为主题的山地型校园。规划特点如下。

　　面山而营：规划设计充分尊重场地自然条件，最大程度地挖掘基地的生态价值。建筑面山而营，伫立于山水之间，并以集约开放的布局方式，留青山、疏绿水、通路径，"景到随机，在涧共修兰芷"。

　　坡地街坊：从传统川西古镇聚落形制中汲取设计灵感，将其面山临水、依山就势、坡地吊脚的特点与建筑之间自然形成的"街、巷、院、坊"空间一起，结合基地地貌特色，通过转译重构的方式，用现代手法进行重新演绎。

　　城校联动：规划设计将实验实训、综合运动、专家服务、校企合作实训等公共功能布置在场地四周，以方便对外交流和使用，促进城校联动、产教融合和校企合作，使学院与城市共生共荣。

新校区规划结构示意图

一心两轴,坡地街坊

开放办学,城校联动

依山就势,人车分流

山水相依,生态园林

一心两轴,坡地街坊
通过依山筑台且集群化的建筑形成了有序、优美的空间环境,具有鲜明统一的整体形象,与环境完美融合。

开放办学,城校联动
设计以开放性布局为基础,同时充分结合地形地貌特征,以集中紧凑的建筑布局,创建"山校互映"式的空间关系。

依山就势,人车分流
环状车行主干道在各个功能组团之间穿行,并将其连接成一个整体。环路以内以步行空间为主,达到人车分流的目的。

山水相依,生态园林
设计以人为本,建筑与环境紧密相连,充分体现山水校园、生态校园和园林式校园的特色。

项目设计实体模型

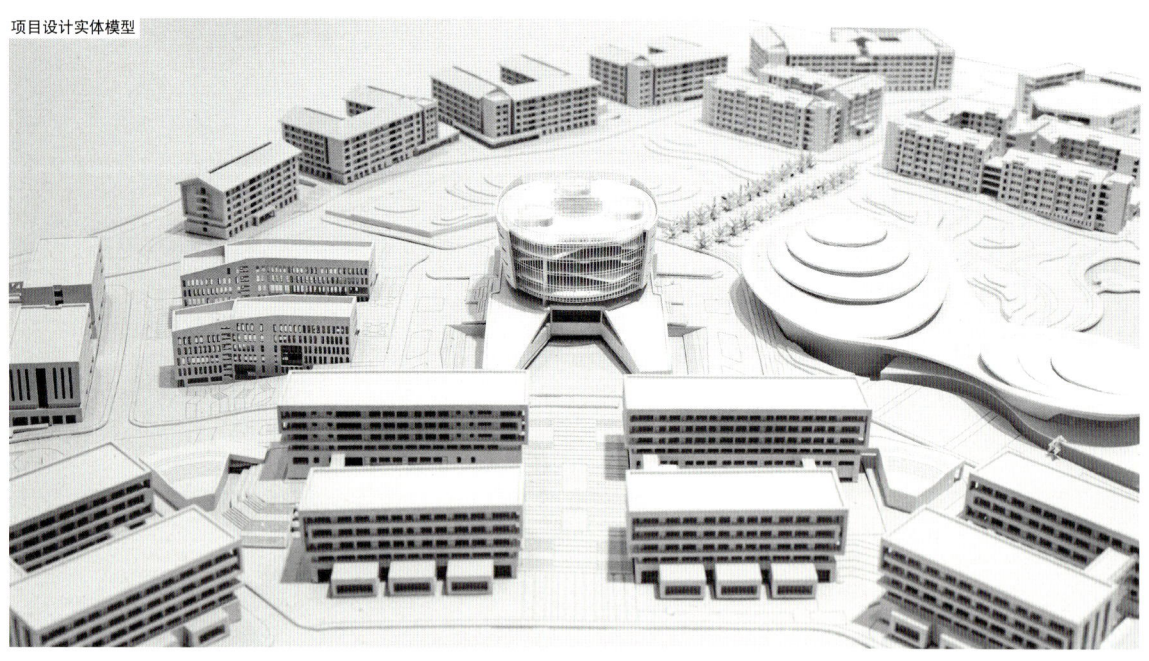

新校区东入口夜景鸟瞰

教学楼沿街面

公共教学楼组团

教学楼立面细部

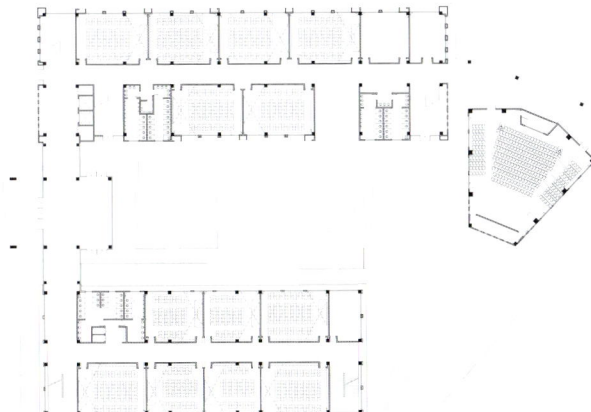

第二教学楼一层平面图

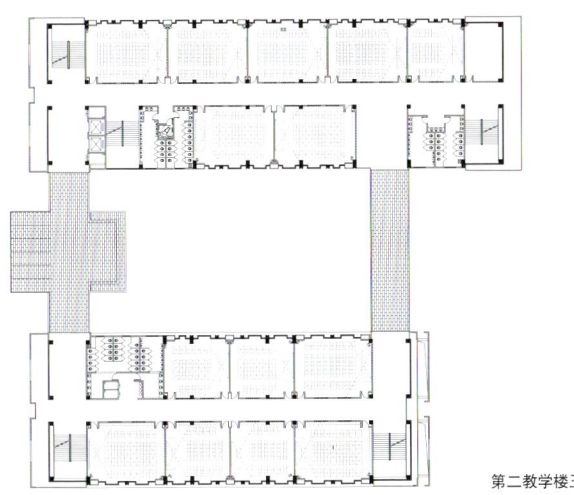

第二教学楼三层平面图

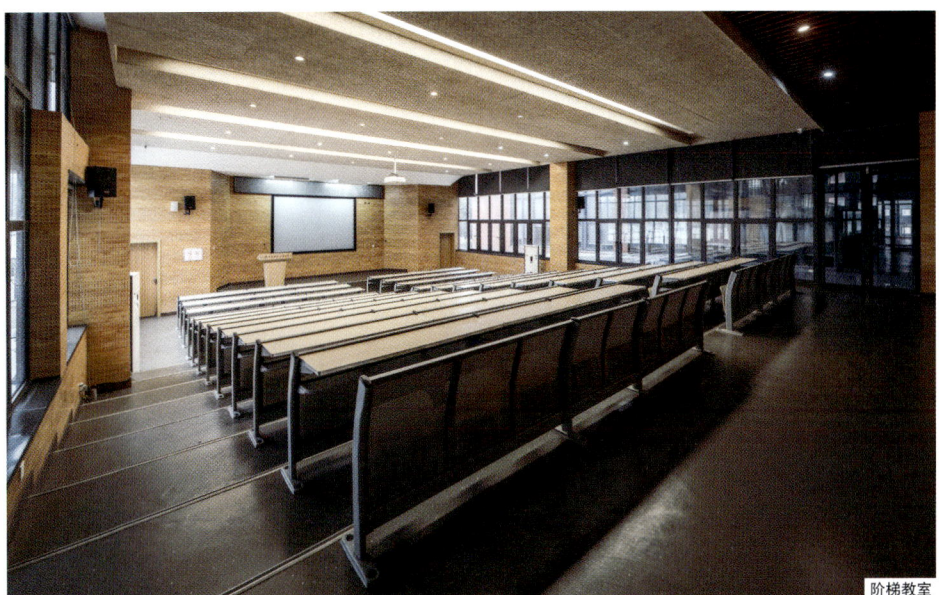

阶梯教室

报告厅

公共教学楼的下沉式庭院

图书馆

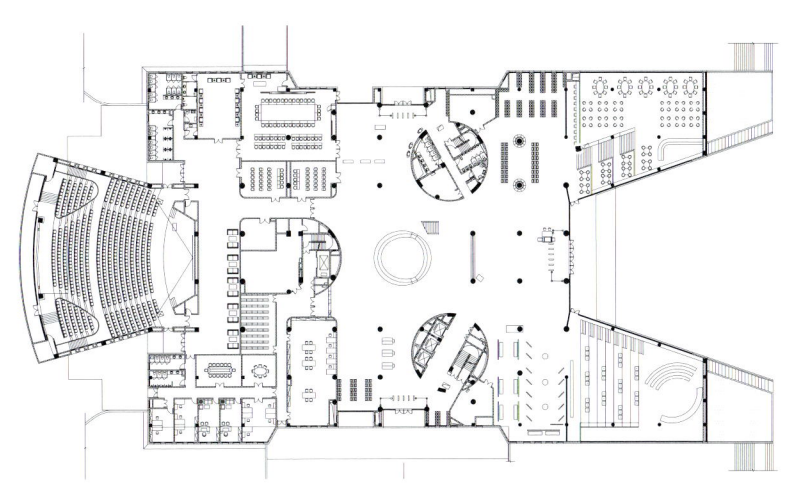

图书馆一层平面图

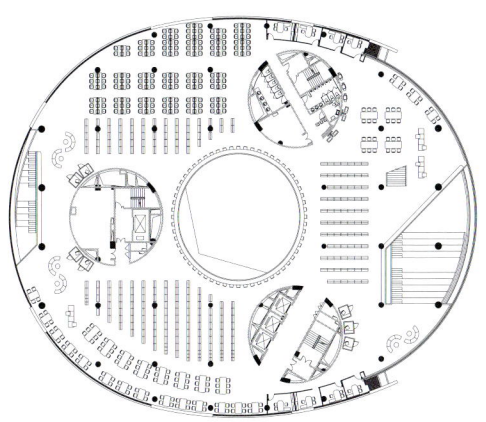

图书馆四层平面图

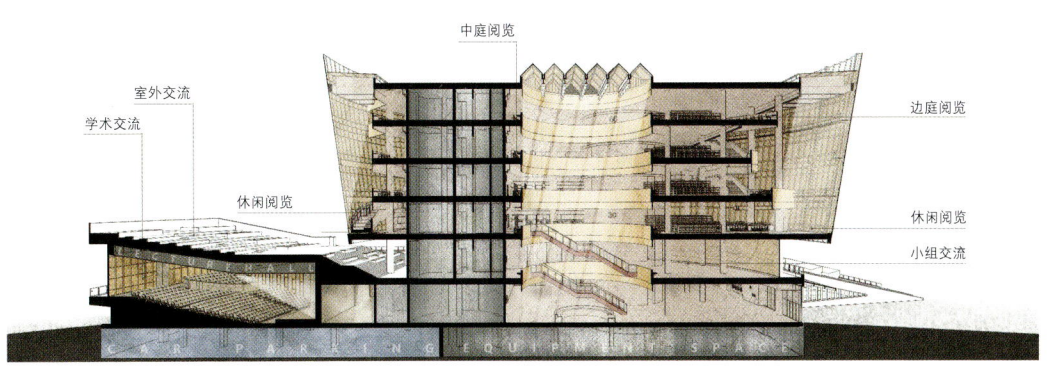

图书馆剖面图

校园生活区

"非正式"交流空间

地铁实训基地

"立体生活"街

新校区西南向整体鸟瞰

内江师范学院新校区
New Campus of Neijiang Normal University

建设地点：四川省内江市
设计时间：2015 年
建设情况：建设中
建设单位：内江师范学院
合作单位（部分施工图合作）：四川博达建筑勘察设计有限公司
基地面积：1 411 053 m²
建筑面积：770 351 m²
项目类型：教育建筑

Location: Neijiang, Sichuan
Design: 2015
Completion: Under construction
Construction unit: Neijiang Normal University
Collaborator (part of construction plans): Sichuan Boda Architectural Survey and Design Co., Ltd.
Residential land area: 1 411 053 m²
Residential building area: 770 351 m²
Project type: Education

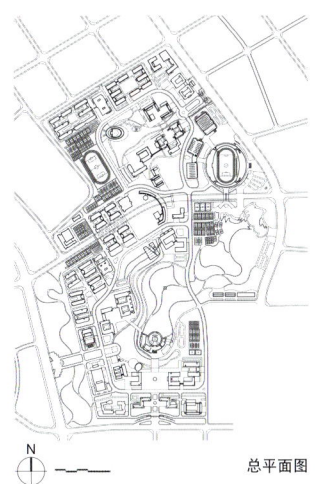

总平面图

　　项目位于四川省内江市东兴区汉安大道，距离市中心约 5 km。校区办学规模约 24 000 人，一次性规划教学科研用房总建筑面积 770 351 m²。

设计立意：山水荷院

　　中国自古崇尚在以山水为主体的自然环境中追求对人生存最为有利的建筑环境。山地大学的环境格局以"原始"为宗旨，尽量保留原始的地景，并通过人工环境的介入、引导，使自然渗透到校园的每个角落。

张大千《山林空翠》

张大千《泼彩荷花》

规划结构示意图

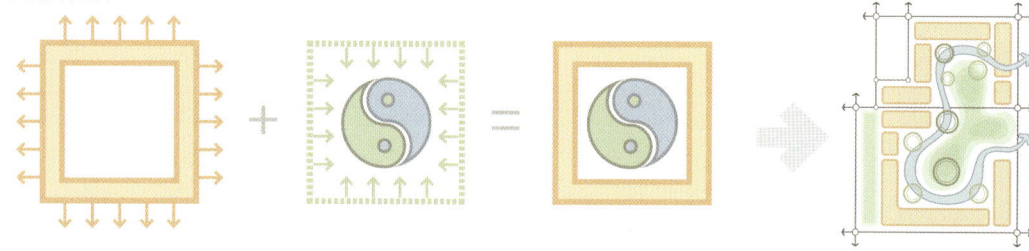

生态校园

基地内得天独厚的自然景观需要配以深思熟虑的设计研究。设计中，基地中部的山体被完整保留并延伸至南北校园，打造出辐射全校的生态公园，整个校区因此而绿意盎然。对于城市，设计为市民营造了一个透气的开敞空间，以满足市民生活、游憩的需求。建筑群落疏密有致，组团之间留出视觉通廊，使人在校园中的不同方位都能欣赏到自然山体的优美姿态。

地景建筑

设计追求建筑隐于山水间的空间状态，将建筑体量打散并形成庭院，采用灵活化的轴线组织，使规划结构与山地形态融为一体。建筑内部空间与自然环境相互渗透；同时，充分利用地形与高差，综合运用台、坡，以退、让、爬、错、吊、架等山地建筑常用的设计手法，使建筑场地一体化，使建筑群体形态丰富化，为组团内部空间增添趣味。

园林式校园

设计结合基地内原有水体，打造贯穿全校的景观水系。教学楼群滨水而建，并顺应山水的走势灵活地错动、转折，营造出建筑高低错落、疏密有致、颇具中国古典园林意境的校园空间。

聚落式校园

四川传统民居与校园建筑虽在建筑形象上有着巨大差异，但对宜人院落空间的诉求使得二者在空间内核上有极大的趋同性。成功的校园设计尺度宜人、聚散有致，注重建筑与环境的融合，有着亲切、舒适的校园氛围，与川人追求的恬淡、安宁的"类茶馆"空间如出一辙。该学院作为一所具有数十年历史的老校，校区中尺度宜人的公共空间随处可见；因此，在新校区的规划中，对文脉的传承也是设计的重点。为了延续老校区的空间感觉，通过对四川传统民居和经典大学空间模式的学习，本次规划的设计策略——聚落空间模式诞生了。

湖畔的公共教学楼

音乐大楼

图书馆及其湖面倒影

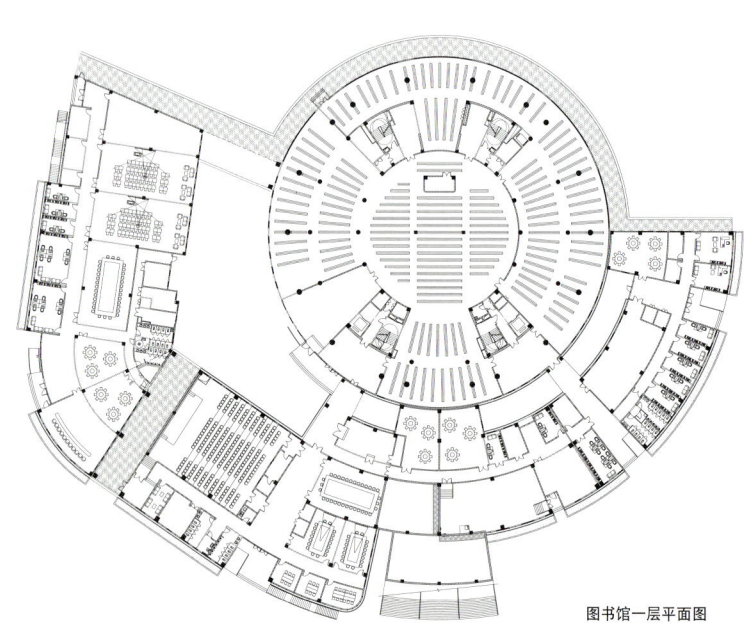

图书馆一层平面图

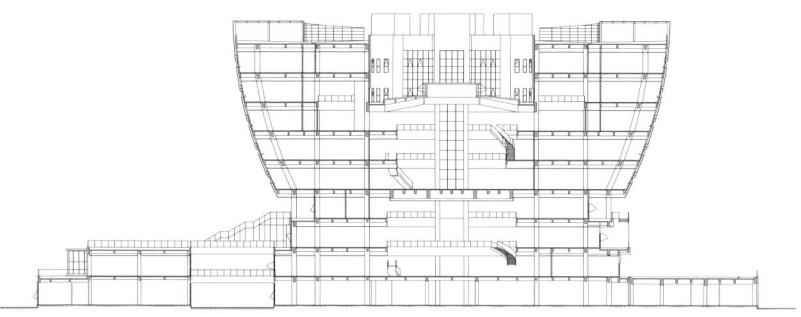

图书馆剖面图

图书馆南向半鸟瞰

美术大楼西北侧

美术大楼中庭

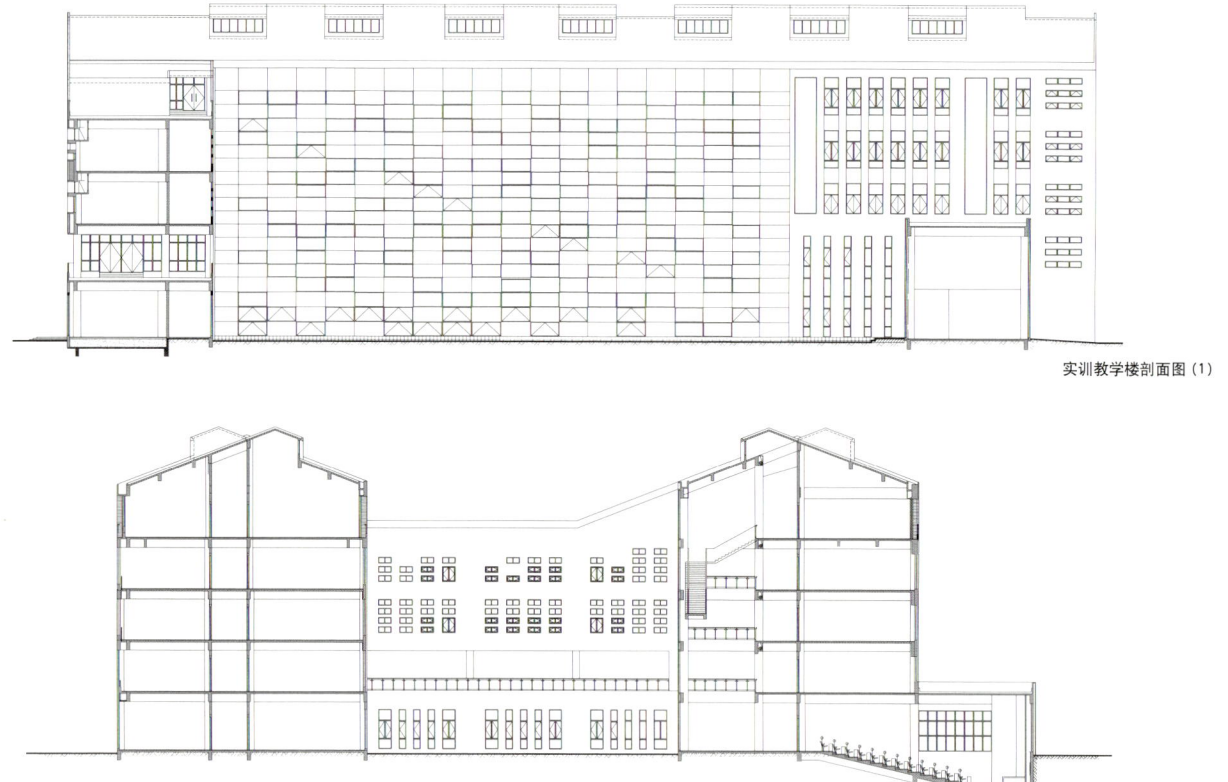

实训教学楼剖面图(1)

实训教学楼剖面图(2)

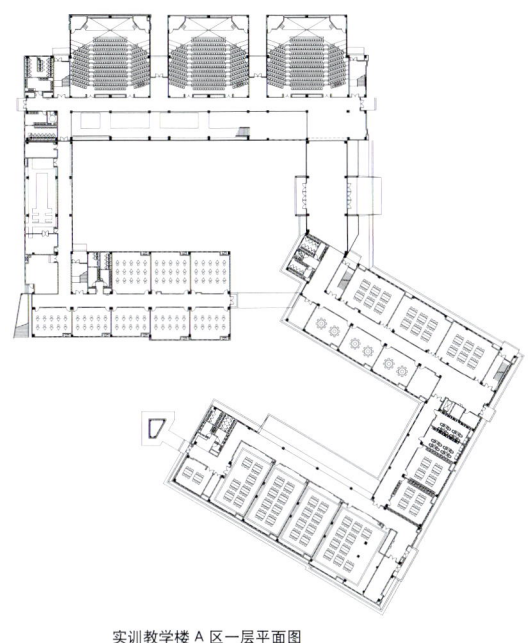
实训教学楼 A 区一层平面图

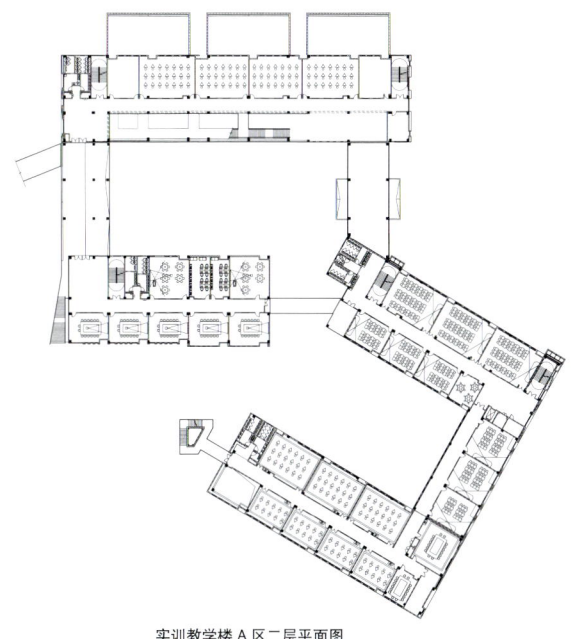
实训教学楼 A 区二层平面图

美术大楼东侧

景区游客中心

花红堰小镇东、西入口建设工程
East and West Entrance Construction Project of Huahongyan Town

建设地点：四川省成都市
设计时间：2015 年
建设情况：2017 年竣工
建设单位：成都市新津花红堰投资有限公司
合作单位：上海同济城市规划设计研究院有限公司
基地面积：10 hm²
项目类型：公共景观

Location: Chengdu, Sichuan
Design: 2015
Completion: 2017
Construction unit: Chengdu Xinjin Huahongyan Investment Co., Ltd.
Collaborator: Shanghai Tongji Urban Planning & Design Institute Co., Ltd.
Residential land area: 10 hm²
Project type: Public landscape

　　本工程位于四川省成都市新津县兴义镇，场地紧邻成都市第二绕城高速公路与成新蒲快速通道的转换节点，交通便利。
　　建设工程区域内部场地平整，拥有良好的林地田园基础，周围有已建成的纪碾社区和待建设的露营基地。由于原连接景区的三新路改道至景区东侧区域，建设方要求设计并建设连接景区与新三新路的景区入口，同时平衡场地内社区、景区、露营基地之间的关系。

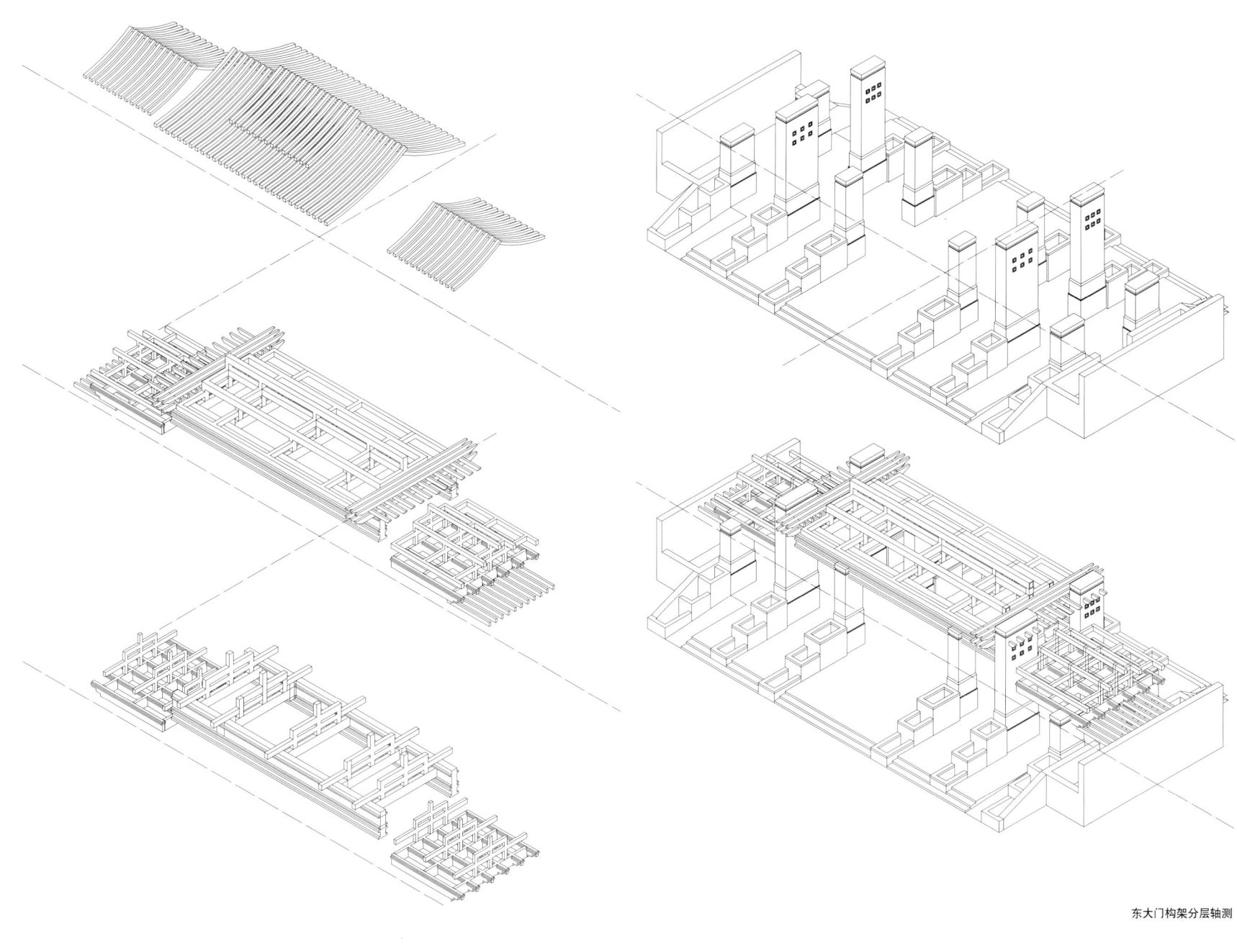

东大门构架分层轴测

以现状优质林盘和田园景观为基础，着力打造景区主要出入口；结合农业生产与旅游观光，衔接景区核心区，使其成为一个沟通城市与乡村、生产与旅游、开发与保护的生态纽带。

设计主要围绕景区东入口大门进行，发挥景区湿地景观特长，扩展现状十一支渠，平衡土方，堆山造景，营造宜人且具有特色的竹林湿地景观，彰显新津水文化。综合利用堆山土方，结合川西的穿斗建筑形式，通过拉伸变化，设计、建造出拥有覆土景观的游客中心。

大门前预留足够的开敞空间，以满足活动与标志性景观的要求；这里既是人群出入景区的重要交通节点，又是引导游客视线的视觉焦点。设计将原有的三新路改造成广场，结合场地高差设立景区第二入口，并由此正式进入斑竹林核心景区。

主入口两侧为车行道路，它们沟通并连接着周边社区和露营基地，社区与基地共用部分基础服务设施。景区停车场设于入口景观南北两侧，在满足停车要求的同时，设计运用生态的手法，形成了良好的自然景观。

景区入口

改建后的茶社

公园鸟瞰

龙凤古镇半岛生态公园设计
Peninsula Ecological Park of Longfeng Ancient Town

建设地点：四川省遂宁市
设计时间：2016 年
建设情况：2019 年竣工
建设单位：四川奥庄实业有限责任公司
基地面积：11 hm^2
建筑面积：9053 m^2
项目类型：公共景观

Location: Suining, Sichuan
Design: 2016
Completion: 2019
Construction unit: Sichuan Aozhuang Industrial Co., Ltd.
Residential land area: 11 hm^2
Residential building area: 9053 m^2
Project type: Public landscape

本项目位于遂宁市船山区龙凤镇龙凤组团中心，西临景观大道，其余三面被渠河环抱，与龙凤古镇核心景区隔河相望，其用地包括公园绿地以及社会停车场。基地地处平原向浅丘、低山过渡的地带，丘陵地貌特征明显，自然条件良好，植被覆盖率高，有大片竹林、果树可以利用。

基地环境对于设计的挑战包括：地势虽有起伏变化，但坡度高差较小；植物生长杂乱，疏密不均，与周边视线联系差，总体景观效果欠佳；道路等基础设施薄弱；现有建筑风貌较差，与周边环境不协调。此外，更大的挑战还在于半岛生态公园作为城市南部组团的"绿肺"，需要有足够的设计力度才能树立起龙凤新城和龙凤古镇的门户形象。

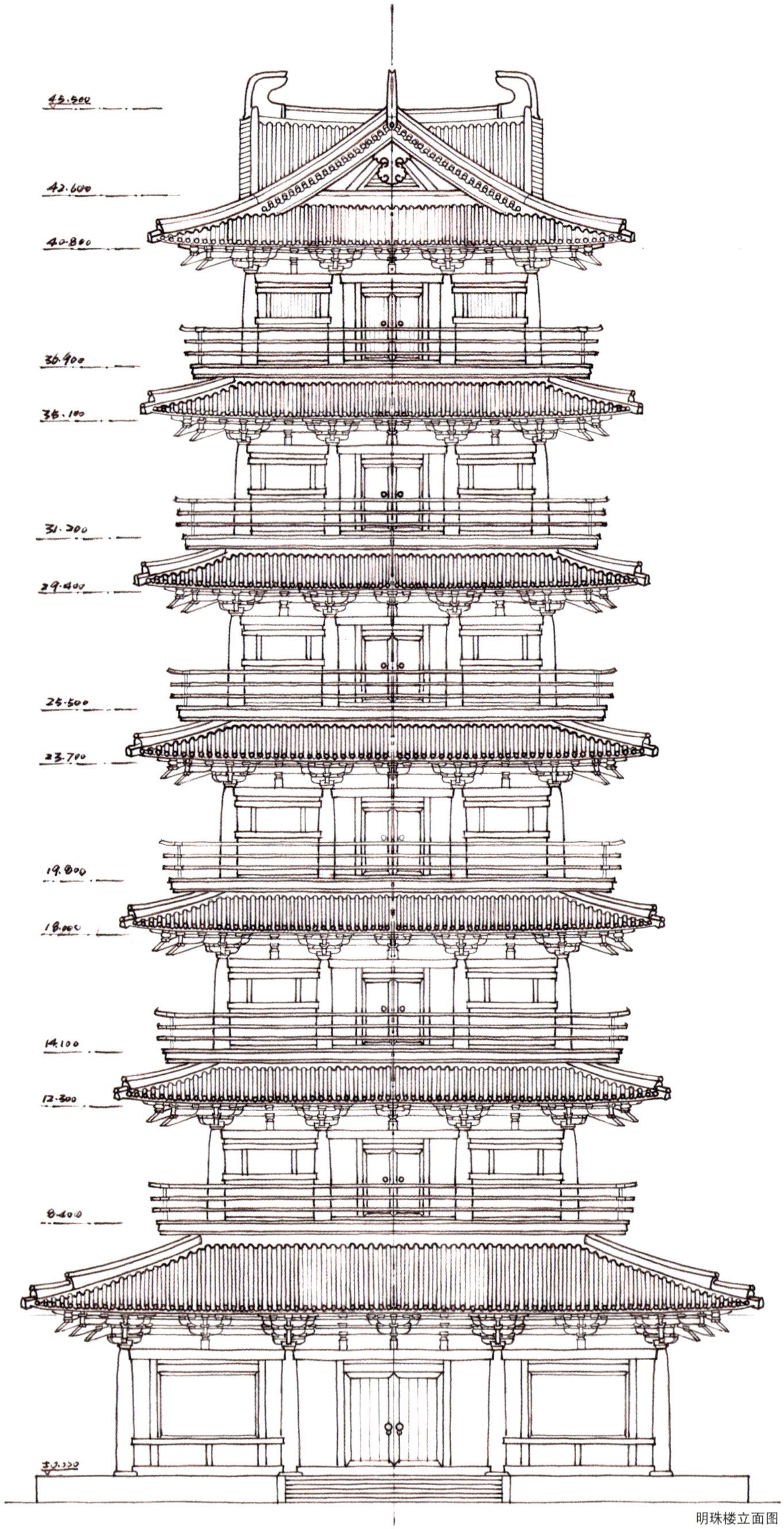
45.500
42.600
40.800
36.900
35.100
31.200
29.400
25.500
23.700
19.800
18.000
14.100
12.300
8.400

明珠楼立面图

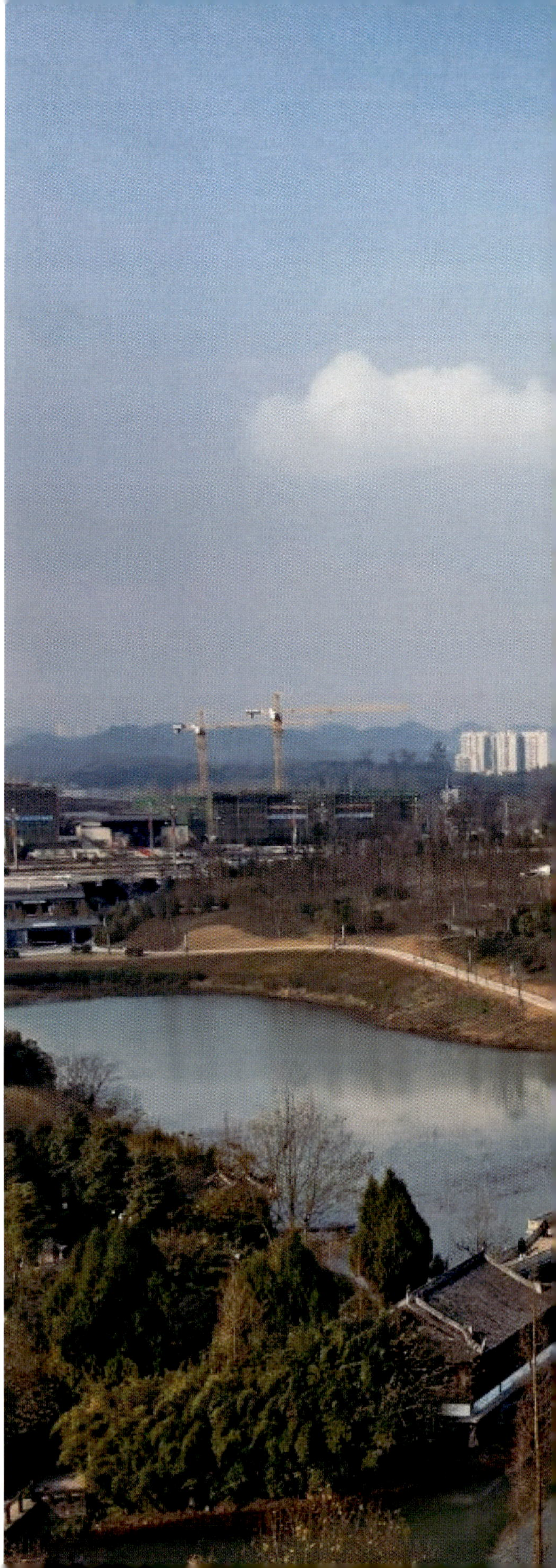

从古镇远眺卧龙桥

卧龙桥湖景

半岛公园作为龙凤组团的生态核心，充分协调了自然环境与周边景区开发建设的关系。设计的宗旨是结合丘陵地形和山体形态，充分利用山、林、水、镇等景观要素，创造富有川东丘陵特色的景观环境，使半岛生态公园成为具有生态性、地域性的可持续发展的城市生态绿核。妙善观音诞生的故事是半岛公园的主要文化脉络，而以空间场景为载体的讲述则形成了公园中主要的游览路线。

龙凤场镇曾为川东地区重要的商贸重地，建有大小白塔和三宫两庙。设计通过还原古镇历史、新建明珠楼来重塑古镇风貌；设置分层台地式停车场，实现人车分流，既留出了视线通廊，也能修复场地生态；增加公共停车场作为配套服务设施，完善景区社会服务功能；因地制宜，广泛采用乡土材料来表达景观的地域性，延续古镇的历史记忆。

半岛公园以现状山林植被为基础，以传统民间故事为脉络，打造出生态与文化共融的片区绿地核心，创建出游憩与民俗相结合的城市公共空间。

远眺明珠楼

飞虹桥

公园入口

泸州老窖营销网络指挥中心改扩建项目
Reconstruction and Expansion of Luzhou Laojiao Marketing Network Command Center

建筑地点：四川省泸州市
设计时间：2017 年
建设情况：2020 年竣工
建设单位：泸州老窖股份有限公司
基地面积：66 112 m²
建筑面积：71 672 m²
项目类型：办公建筑

Location: Luzhou, Sichuan
Design: 2017
Completion: 2020
Construction unit: Luzhou Laojiao Company Limited
Residential land area: 66 112 m²
Residential building area: 71 672 m²
Project type: Office

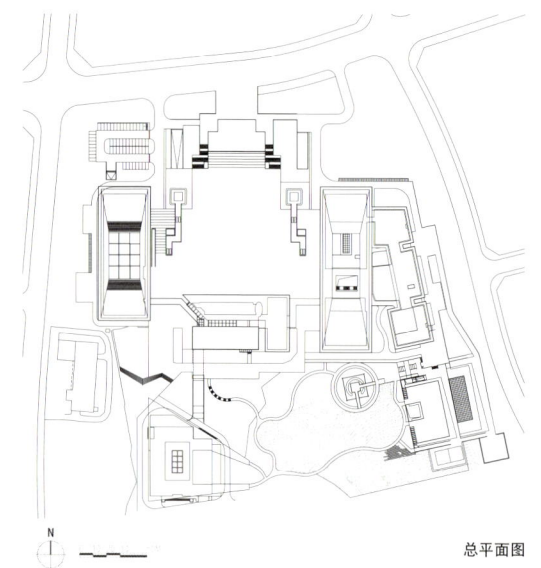

总平面图

　　本项目场地位于泸州市龙马潭区，设计范围包括原有泸州老窖营销网络指挥中心大楼翻新，新建销售大楼、财务大楼、档案馆、职工之家等建筑。

　　泸州老窖作为中国白酒行业最具影响力的企业之一，因品牌战略需求，计划在办公原址进行整体改扩建。设计以挖掘在地场所精神为出发点，提出"场所存续·承史启今"的设计总策略。

设计项目鸟瞰

原有建筑东北向鸟瞰

原有场地绿化

原景观水池细部

　　原有建筑背山面水，立面较老旧；原有景观水池围护不当；原有场地植被覆盖率高，生态资源丰富。

指挥中心前广场半鸟瞰

新旧融合 持续发展

新老建筑在地面与地下通过连廊及通道相连,实现空间与流线的交融。施工采用分阶段功能置换的模式进行,不影响企业正常办公。

美酒樽爵 东方气质

逐层外挑的建筑体量和屋顶飘板取自青铜器"爵"的造型。外挑的体量与飘板都具有一定的遮阳作用,便于建筑应对泸州炎热的夏季气候。建筑材料平实质朴,色彩呈水墨色调,突出东方气质,以诠释企业的中式哲学。

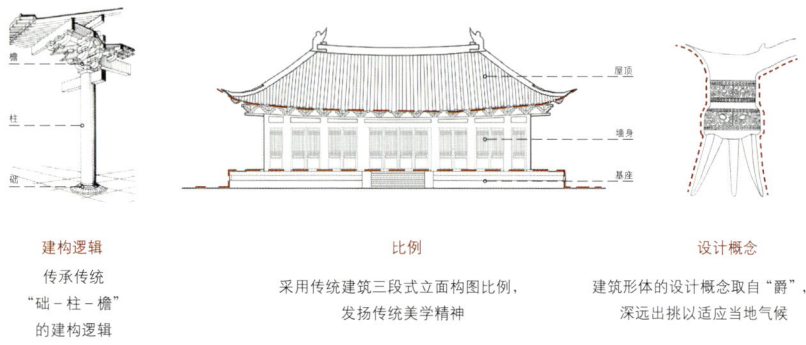

建构逻辑
传承传统"础-柱-檐"的建构逻辑

比例
采用传统建筑三段式立面构图比例,发扬传统美学精神

设计概念
建筑形体的设计概念取自"爵",深远出挑以适应当地气候

财务大楼立面细部

主楼立面格栅

销售大楼与档案馆

设计项目整体鸟瞰

挖掘场所精神

位于泸州市龙马潭区沱江北岸的项目场地生态良好、植被丰富。企业以"天地同酿、人间共生"为宗旨,设计旨在传承企业哲学、延续当地文脉。

脉络原真 文化传承

设计尊重原有场所环境,新建建筑位于原主楼两侧,以原景观水池为建设用地,尽量避免对原有场地植被的破坏。设置下沉广场作为公共空间与城市共享,彰显企业文化的同时提升城市活力。

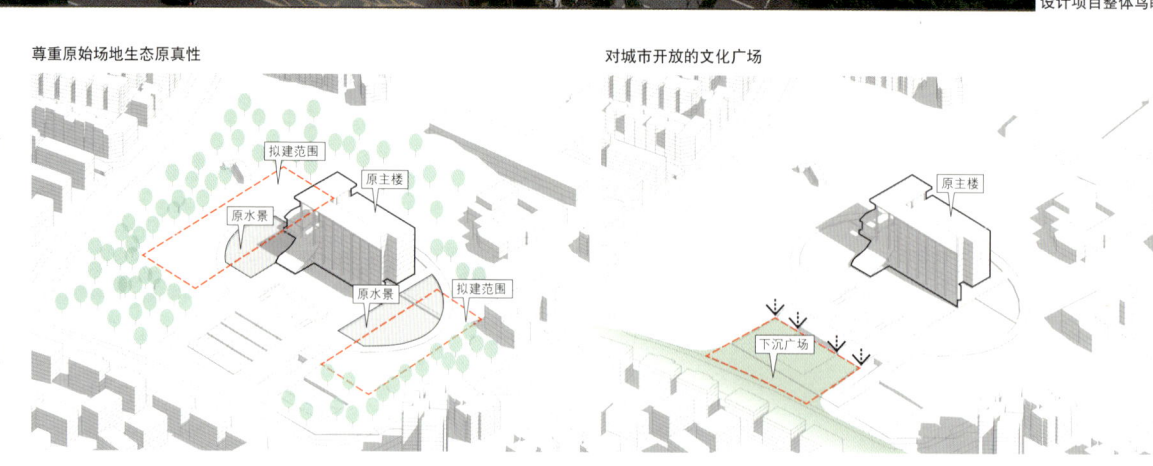

尊重原始场地生态原真性

对城市开放的文化广场

檐下空间

庭院空间(1)

庭院空间(2)

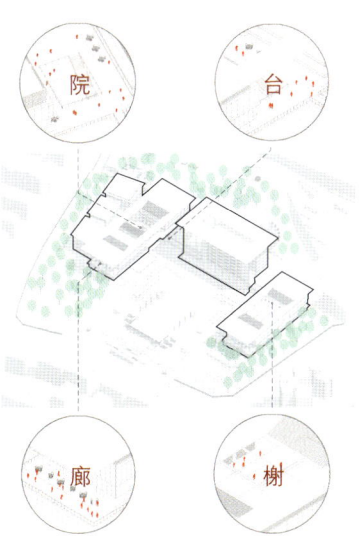
"院、廊、台、榭"的空间布局

引"园"入室,"绿色"办公

在办公环境上,设计采用连廊、平台、中庭、屋顶花园等手法打造人性化空间,汲取传统园林"院、廊、台、榭"的空间组织逻辑,将绿色景观与办公融为一体。

叁 | 拓展：领域开拓 多元发展

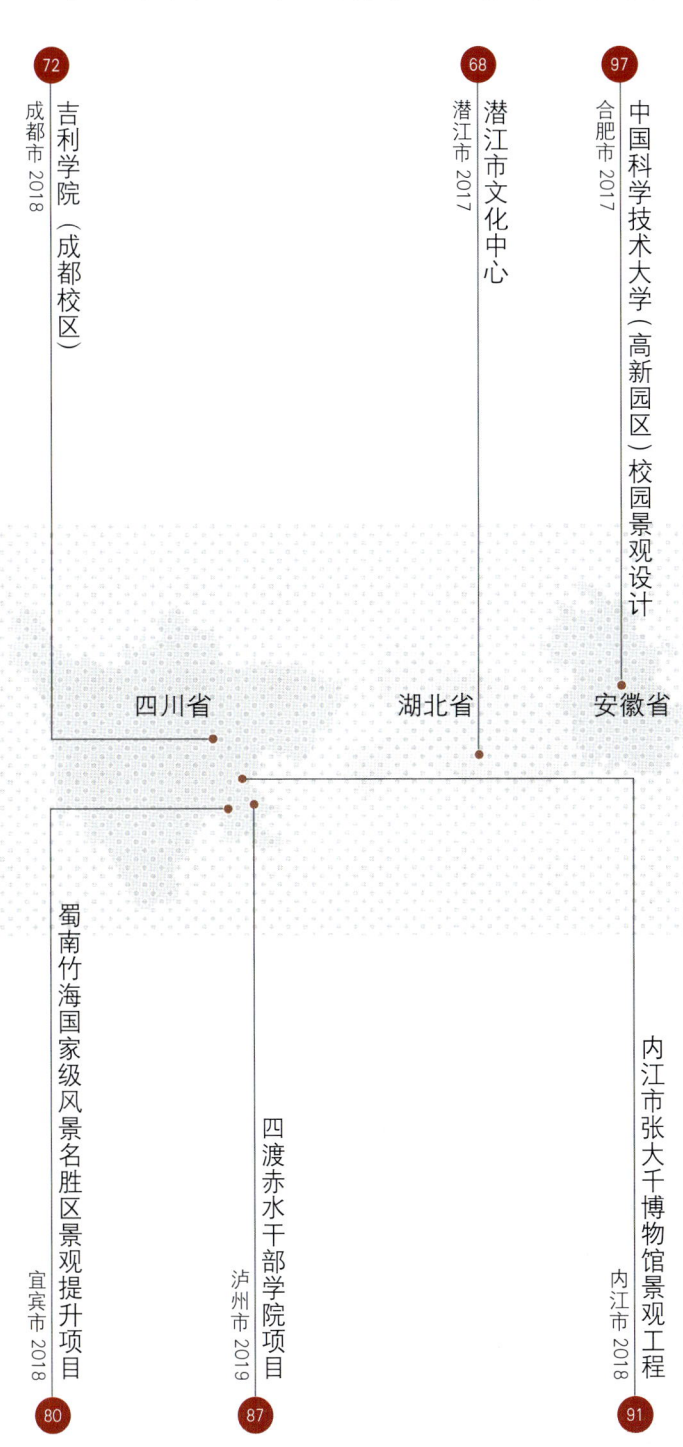

- 72 吉利学院（成都校区） 成都市 2018
- 68 潜江市文化中心 潜江市 2017
- 97 中国科学技术大学（高新园区）校园景观设计 合肥市 2017
- 四川省
- 湖北省
- 安徽省
- 80 蜀南竹海国家级风景名胜区景观提升项目 宜宾市 2018
- 87 四渡赤水干部学院项目 泸州市 2019
- 91 内江市张大千博物馆景观工程 内江市 2018

潜江市文化中心
Qianjiang Culture Centre

建筑地点：湖北省潜江市
设计时间：2017 年
建设情况：建设中
建设单位：潜江市文化中心建设指挥部
基地面积：73 436 m²
建筑面积：49 100 m²
项目类型：文化建筑

Location: Qianjiang, Hubei
Design: 2017
Completion: Under construction
Construction unit: Qianjiang Cultural Center Construction Headquarters
Residential land area: 73 436 m²
Residential building area: 49 100 m²
Project type: Cultural

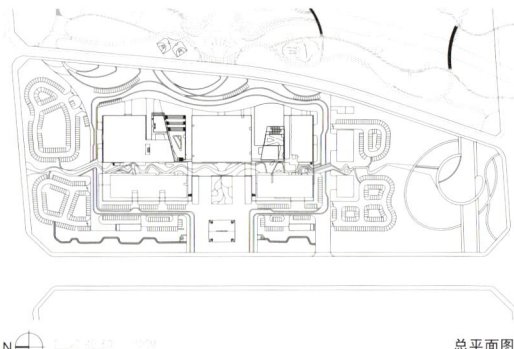

总平面图

　　本项目位于湖北省潜江市东荆新区，毗邻紫月湖公园，与龙展馆、市民中心隔湖相望，是潜江市重要的文化地标。项目建筑面积 49 100 m²，其中地上建筑面积 39 100 m²，地下建筑面积 10 000 m²。功能包括博物馆、图书馆、综合档案馆、城建档案馆、工人文化宫、妇女儿童中心、青少年活动中心、地下车库及设备用房等。

文化中心鸟瞰

文化中心主入口

项目设计特点解析

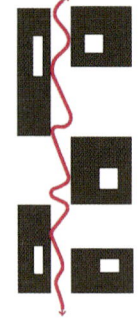

以文为脉
潜江市历史悠久，文化底蕴丰厚。据《水经注》记载："潜水盖汉水枝分潜出，故受其称耳。"在景观上，设计以潜江文化为历史脉络，取汉水之形态，串联各单体建筑。

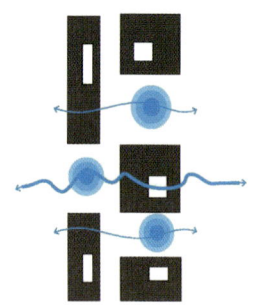

以水为源
潜江古为云梦泽的组成部分，潜江市地处由江水冲击而成的江汉平原上。设计延续"水韵楚风"的概念，以水为源，建筑东西互联。

城园一体 有机互联
场地紧邻紫月湖公园。作为城市的展示界面，设计将"城"与"园"融合在一起，统一筹划，使之有机互联，打造出一个生态和谐的活力场地。

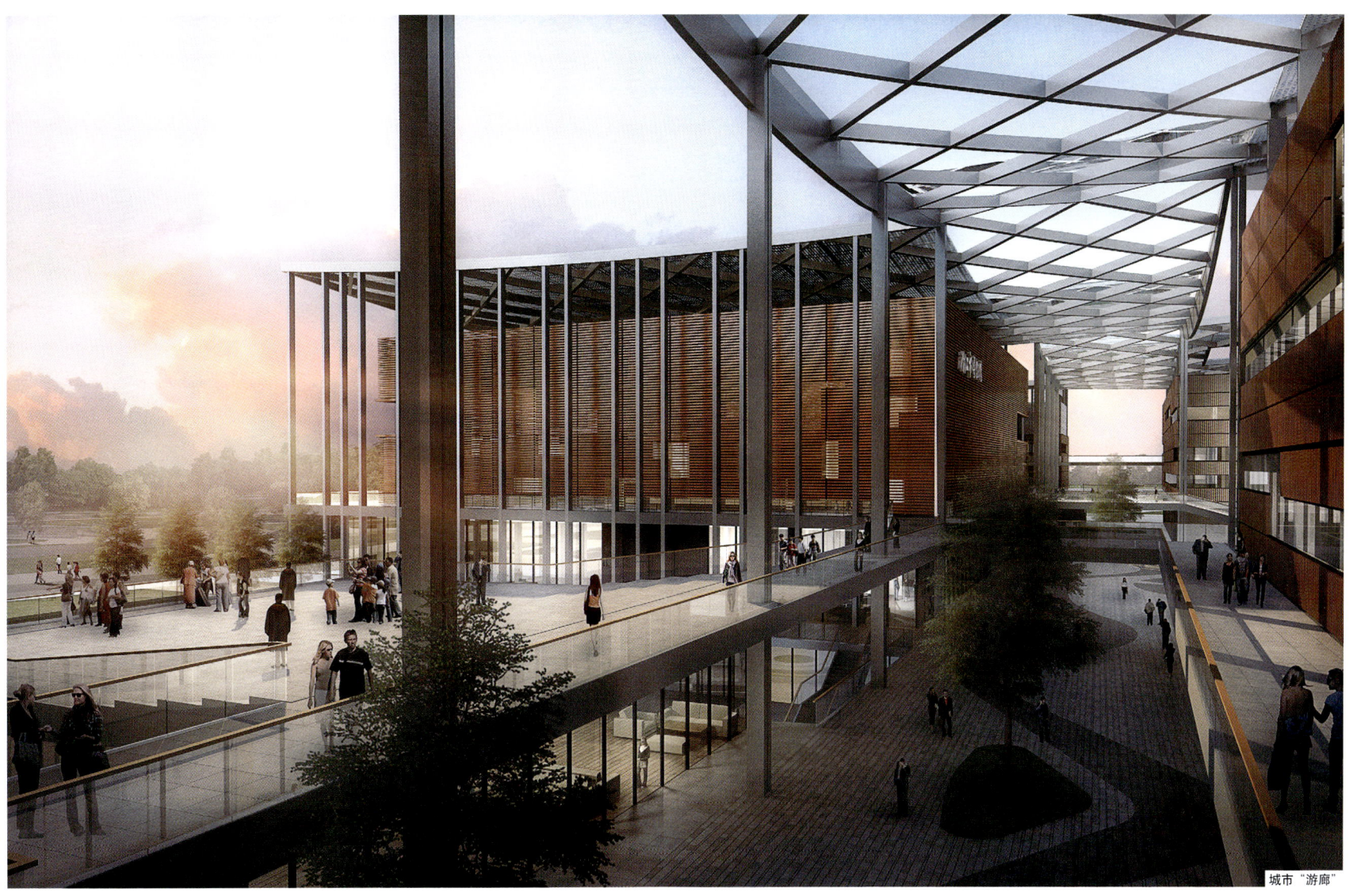

城市"游廊"

建筑设计概念

水韵楚风：五个错落有致的建筑体量通过文化长廊相连，浑然一体的造型形成了面向城市的宏伟展示面。起伏的钢结构屋顶是对潜江"水文化"的隐喻；建筑的红色陶土板和黑色金属装饰是对楚器上红黑两色的再现；立面以水杉林为意向，其在外观上具有丰富的光影效果，体现了荆楚文化崇尚自然、注重人与环境共生的精神内涵。

园景交融：该文化中心的设计传承古楚章华台的建造精髓，采用园林式布局。临水筑台，水系、林地、建筑相互交融，体现了潜江境内"城中有水、水中有城"的独特风貌。建筑既是城市地标，也是观景台。

开放互动：设计在建筑中引入传统园林"游廊"的概念，连接建筑单体的文化长廊向市民开放，将市民从各个方向引入建筑及其场地内；环绕长廊布置观景平台、文化餐饮、视听展演等功能，打造出多元互动、开放共享的人性化服务场所。

景观衔接：建筑被集中布置在基地中央，外围设置大量广场与景观绿化空间，并与公园和城市相衔接。设计将庭院引入建筑，形成建筑中丰富的园林景观空间。

布局有序：博物馆设置于基地中央，造型灵感来自楚式漆器。夜晚，建筑外立面在泛光照明下的光影变幻，隐喻着潜江的皮影戏文化。图书馆及妇女儿童中心、青少年活动中心、工人文化宫都位于基地北侧，与市民联系紧密。综合档案馆与城市建设档案馆位于基地南侧，相对独立。建筑单体之间相互独立又联系有序，形成一个有机的整体。

吉利学院（成都校区）
Geely College (Chengdu Campus)

建筑地点：四川省成都市
设计时间：2018 年
建设情况：2020 年竣工
建设单位：成都铭福教育投资有限公司
基地面积：1 294 200 m²
建筑面积：1 266 460 m²
项目类型：教育建筑

Location: Chengdu, Sichuan
Design : 2018
Completion: 2020
Construction unit: Chengdu Mingfu Education Investment Co., Ltd.
Residential land area: 1 294 200 m²
Residential building area: 1 266 460 m²
Project type: Education

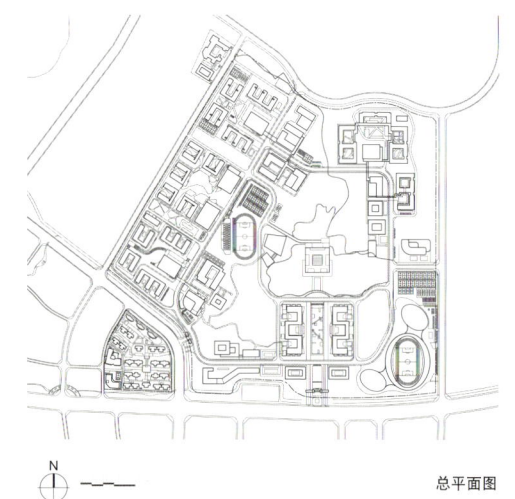

总平面图

本项目位于成都市简州新城风光秀美的龙泉湖畔，被列入四川省重点项目，属于新城首批启动的项目之一。校园在校生 25 000 人，教职工 2 000 人。

规划构思：

设计基于对自然资源保护下所进行的校园规划思考：在共生共融的设计理念下，寻找建筑、人与自然环境的关系；探索对川西林盘地区特色地形的合理利用——保留现状山体，整合雨洪管理系统和自然栖息地，汇集河谷水系，采用依山就势分台而建、立体叠院、立体交通等设计手法，提供多样的生态系统和学习、活动空间；结合地域文化特色，保留集体记忆和场地记忆，传承地方文化与校园文脉，打造具有独特魅力的校园空间。

本规划以雪山下的公园城市、川西林盘、龙泉山、龙泉湖作为切入点，提出"山水共生的生长聚落、共享互通的未来校园、五元共构的混合书院、自然生态的绿色校园"的设计理念。通过"留山成脉、汇水成湖、交通成环、五元混合"四个策略形成以"一心、一环、三台、七区、多廊"为特色的校园空间。

校园总体鸟瞰

校园夜景鸟瞰

规划策略示意图

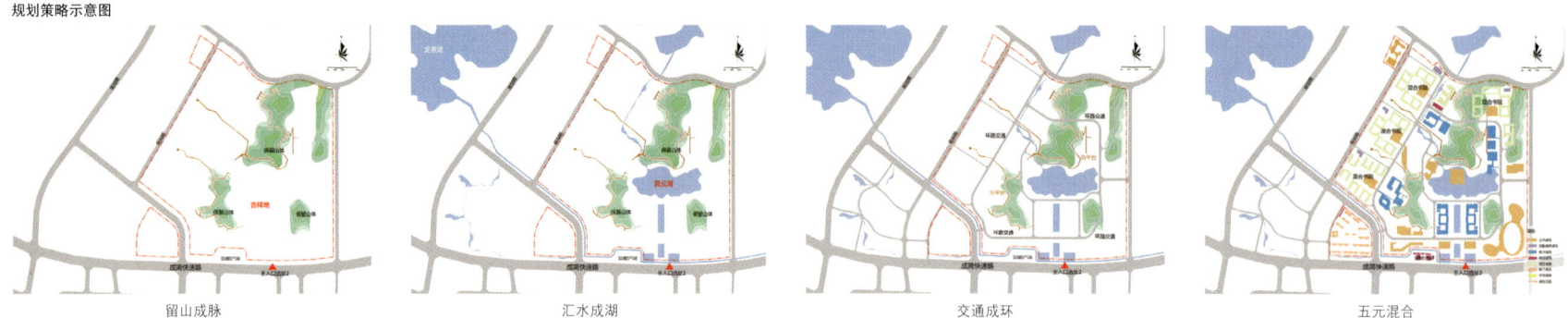

留山成脉　　汇水成湖　　交通成环　　五元混合

明德楼沿街面夜景

规划策略

留山成脉：充分梳理现状丘陵地形，保留三座主要山脉，形成校园的基本空间格局。

汇水成湖：利用现状水系与山体谷地，充分发挥山水环绕的自然优势，形成校园中心湖面。

交通成环：沿山布置校园交通主环路，串联各功能区块，同时结合山体高差布置空中步行云创走廊，形成完整的人车分流立体交通体系。

五元混合：将教学、实训、生活、运动、交流等功能进行组团式布置，形成交流便利的多元混合型校园。

教学楼沿街面

图书馆

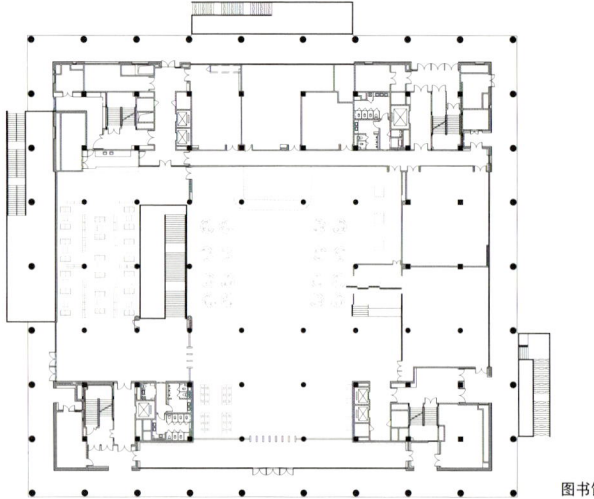

图书馆二层平面图

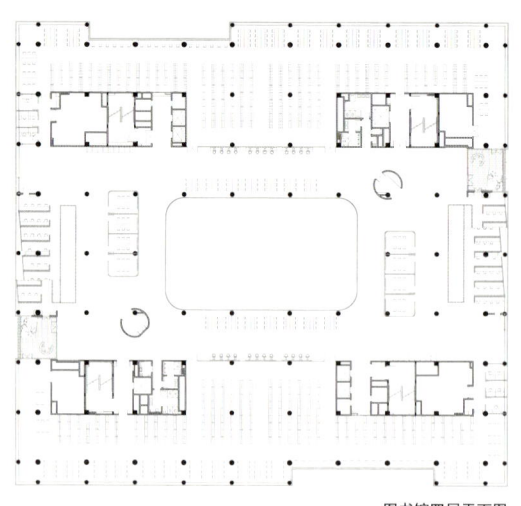

图书馆四层平面图

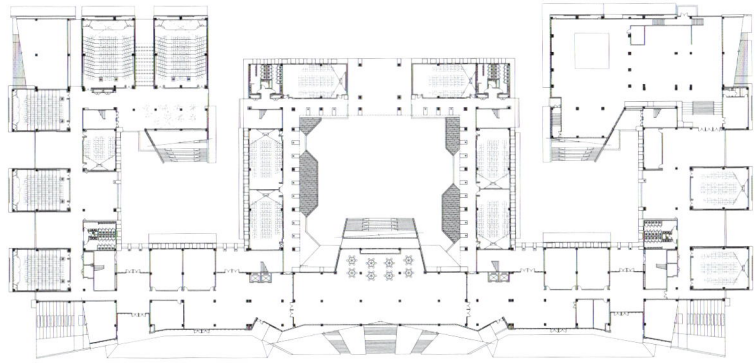

公共教学楼（东区）一层平面图

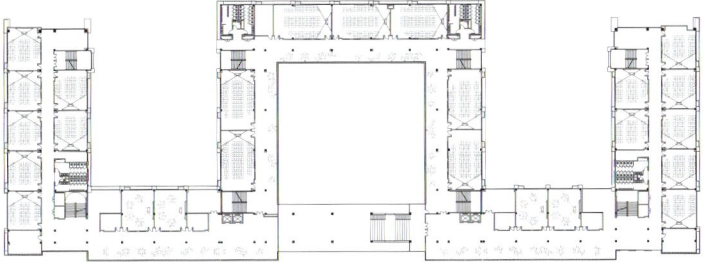

公共教学楼（东区）三层平面图

教学楼三合叠院

教学楼回转檐廊

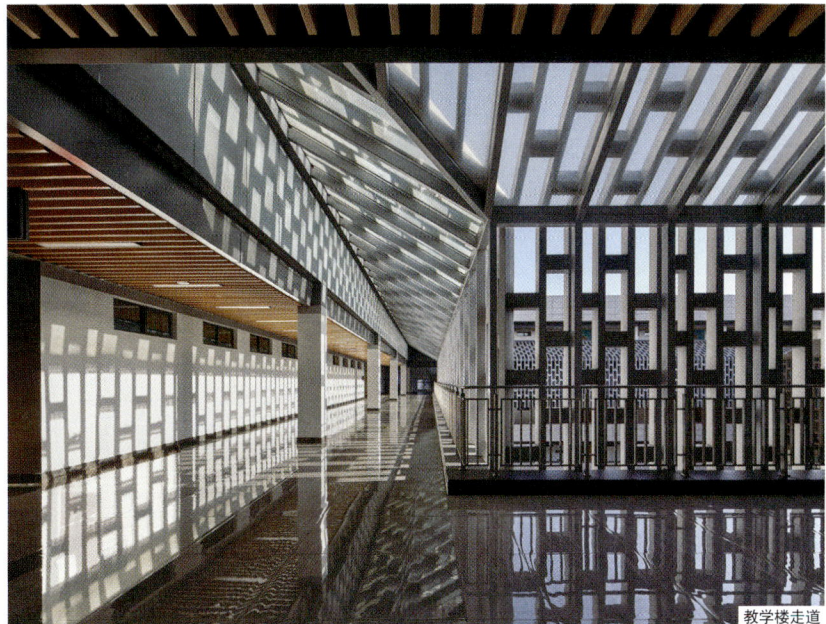

教学楼走道

依山就势的台地空间——学生宿舍

汽车工程实验实训中心

学一餐厅

主校门

蜀南竹海国家级风景名胜区景观提升项目
Landscape Improvement Project of the National Scenic Area in Southern Sichuan Bamboo Sea

建设地点：四川省宜宾市
设计时间：2018 年
建设情况：2022 年竣工
建设单位：宜宾市蜀南竹海旅游发展有限公司
基地面积：456 000 m²
建筑面积：7770 m²
项目类型：公共景观

Location: Yibin, Sichuan
Design: 2018
Completion: 2022
Construction unit: Yibin Southern Sichuan Bamboo Sea Tourism Development Co., Ltd.
Residential land area: 456 000 m²
Residential building area: 7770 m²
Project type: Public landscape

蜀南竹海国家级风景名胜区景观提升项目位于宜宾市境内，长宁、江安两县交界处，场地植被覆盖率达 92.8%。设计涵盖景区主入口、西入口、万岭小镇、万里小镇、博物馆、墨溪、忘忧谷、观海楼、挂榜岩、仙寓洞、天宝寨、仙女湖、龙吟寺、海中海、七彩飞瀑、东入口等共 20 多处景点与功能设施。

游龙栈道

藏龙栈道鸟瞰

景观提升：设计原则是"保护优先、永续利用、突出特色、强化体验"。按照国家《风景名胜区管理条例》的要求，严格保护景区内的自然和文化景观资源，营造具有鲜明特色的旅游设施和环境氛围，构建蜀南竹海独特的品牌形象。以体验为核心，提升竹海旅游产品品质；增设体验性旅游项目，丰富参与性旅游活动，构建精品化的旅游业态。

功能优化：设计原则是"服务升级、对标5A、科学布局、高效利用"。整体优化景区交通线路，在沿途景点增设旅游公交站和卫生间。通过"亮化工程"营造景区夜晚氛围，沿交通主干道、游步道增设基础照明，重点区域重点亮化。优化新游客中心、景区西入口、东入口的区域功能，增设对外展示、游客接待、游客停车、游客服务等功能。

乡村更新：设计原则是"风貌改造、体验多元、文化展示"。完善乡村基础设施，振兴乡村风貌，综合治理疑难问题，展现"竹诗""竹酒""竹建构"等文化脉络。

游龙栈道鸟瞰

观云台鸟瞰

83

项目设计思路：打造休闲空间，唤醒场地活力，拓展文化活动，以特色引导产业，科学规划，努力实现以名胜景区空间的提升带动景区产业的提升。通过对"竹韵文化""丹霞文化"的展示与解读，在为游客提供充足的休闲游乐设施的同时，向游客展示竹海的隽秀之美、丹霞地貌的粗犷之美，以及美丽乡村的新气象。

登榜台

观云台

海中海水上观影中心

竹建构细部

竹博物馆

学院日景鸟瞰

四渡赤水干部学院项目
The Cadre College Project of Sidu Chishui

建设地址：四川省泸州市
设计时间：2019 年
竣工时间：2022 年一期竣工
建设单位：古蔺县兴城城市投资建设经营有限公司
用地面积：104 045 m²
建筑面积：68 807 m²
项目类型：教育建筑

Location: Luzhou, Sichuan
Design: 2019
Completion: 2022
Construction unit: Gulin Xingcheng City Investment, Construction and Operation Co., Ltd.
Residential land area: 104 045 m²
Residential buiding area: 68 807 m²
Project type: Education

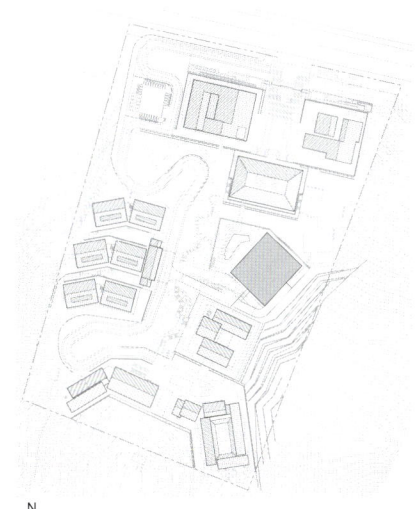

总平面图

　　四渡赤水干部学院作为长征干部学院的分院，是四川省重点建设项目之一。项目位于四川省古蔺县蔺州大道侧，用地面积 104 045 m²，建筑面积 68 807 m²。基地为典型的山地形态，进深约 300 m，高差 65 m；因此，对山地地形的理解和利用，以及合理布置学校教学与生活功能，成为设计重点思考的问题。

　　学院整体空间布局借鉴四渡赤水发生地——太平古镇（典型川南小镇）的空间形式特点，并选用古镇传统材料和色调，融入现代手法延续了古镇肌理。结合古镇的鱼骨式分布形态，打破传统书院布局进行建筑重组。内部庭院与建筑外部空间各自独立又互相渗透，形成环境与功能主体共生的绿色建筑群落。

87

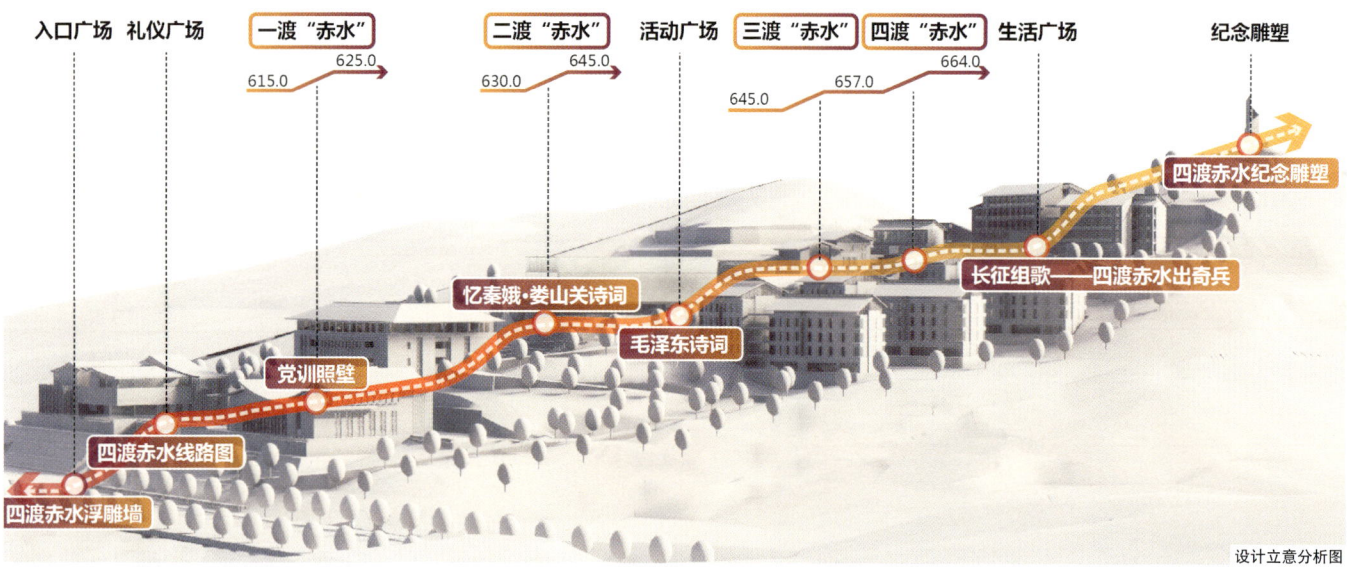

设计立意分析图

建筑群临街实景

室内中庭

入口大厅

结合地形，设计将场地分为落差 10~20 m 的五个标高建设平台，建筑功能围绕平台依次展开。景观设计利用平台之间自然形成的四条特点各异的通道，打造出与四渡赤水历史事件相关联的校园场所空间。

建筑单体立面借鉴川南民居的构架与形制，呈现出"台、吊、错、挑、梭、靠"的建构特色。结合新时代干部学院特点，营造出庄重大气又典雅舒适的学院环境。建筑立面选用传统民居材料，以仿木板墙、灰色青砖、镂空花墙等建筑元素，与钢构件、仿木格栅、金属屋面等现代材料进行重构，形成现代与传统的有效呼应。

室内设计在着重打造现代化舒适校园同时，不忘干部教育初心，在教学区墙面和公共空间预留更新教学内容的空间，在住宿区的每个房间内设置读书角，在公共空间设置讨论区，既保证了"红色文化"贯穿整个学院的学习区和生活区，同时结合实际教学和设计需求，为"红色文化"的展示提供了新途径。

"四渡赤水"是该项目设计的精神内核，"学院"是该项目的实际功能。精神内核统率着项目的总体规划、建筑设计、景观营造以及室内设计，营造出现代化、智能化、多样化的学习空间，为学员提供了舒适、便利、丰富的学院生活。

大千园鸟瞰

内江市张大千博物馆景观工程
Landscape Design of Zhang Daqian Museum

建设地点：四川省内江市
设计时间：2018 年
建设情况：2019 年竣工
建设单位：内江大千文化旅游产业园管理委员会
基地面积：6604 m²
景观面积：4973 m²
项目类型：公共景观

Location: Neijiang, Sichuan
Design: 2018
Completion: 2019
Construction unit: Neijiang Zhang Daqian Cultural Tourism Industrial Park Management Committee
Residential land area: 6604 m²
Landscape design area: 4973 m²
Project type: Public landscape

　　张大千博物馆位于内江大千园南侧，建筑设计由西班牙 EMBT 事务所和同济大学建筑设计研究院（集团）有限公司共同完成，其中包括五个展厅、一个报告厅和多媒体信息区。设计理念糅合东西方文化特色，建筑形态新颖，是内江市的标志性建筑。

画境营园

陈从周先生在《园林与山水画》一文中指出，园林参画境，诗情画意为中国园林的主导思想。该博物馆作为以画家为名的主题性文化建筑，其园林空间正是践行张大千画意和园林美学的绝佳场所。与 EMBT 事务所设计的七座建筑相对应，遵循荆浩《笔法记》中"度物象而取其真"的美学原则，景观系统由七处各具特色的小园子构成。

结合博物馆内外流线，游园路径引导游人在内外、整体与局部间感知可行、可望、可游、可居的山水画境，深刻体悟张大千先生所言的"大、亮、曲"之画意。

松园

画境云园设计概念图

总平面图

本项目的总体设计概念是"曲径连七园",而园的设计则分别取意于张大千的七幅著名画作。

竹菊园因有碧竹扎根于坡脚,便取《竹菊图》之意,补植雏菊数丛。清理并收集原场地的残砖旧瓦,拼合成影壁,分隔西林寺侧院,同时与主入口互为对景。

湖园是人流集散场所。设计保留了数棵百年银桦。湖岸线条柔美,湖底以卵石砌筑,整体予游人以豁然开朗之感。湖园的形态源自张大千的《爱痕湖》。

山园利用现状陡崖呈现坡地景观,朝阳映照之时,丹崖绿萝分外清新,其意境取自《丹山春晓》。这里已成为内江市的一处网红景点。

石园以置于游径两侧的奇石为景,取意于《奇石图》。

溪园以高下错落的地形为屏,以碎石为底。园内游径如溪,正如《重溪叠嶂》中的隐逸景象。

松园利用西南角的一处石台,补种劲松一株,摹写了《松荫高士图》的意境。

隐园位于临江一侧,最为幽静,游人可于林木间隙远眺沱江,待雾霭漫山之时,恍若《白云隐居》中的隐逸景象。

张大千画作《爱痕湖》

湖园鸟瞰

95

校园鸟瞰

中国科学技术大学（高新园区）校园景观设计
Landscape Design of University of Science and Technology of China (High-tech Park)

建设地点：安徽省合肥市
设计时间：2017 年
建设情况：建设中
建设单位：合肥量子信息与量子科技创新研究院暨中科大高新园区建设有限公司
基地面积：39 hm²
项目类型：校园景观

Location: Hefei, Anhui
Design: 2017
Completion: Under construction
Construction unit: Hefei Institute of Quantum Information and Quantum Science and Technology Innovation and China University of Science and Technology High-tech Park Construction Co., Ltd.
Residential land area: 39 hm²
Project type: Campus landscape

　　本工程位于安徽省合肥市高新园区中国科学技术大学，校园西临石莲南路，东临创新大道，南北两侧分别为复兴路与习友路，地块占地面积约 39 hm²。校园规划以图书教育中心为核心主轴，划分地块为东侧的"科研学术带"与西侧的"滨水生活带"两部分。

景观结构

校园景观设计以校园规划为基础，形成"一轴两带"+长湖+廊苑+绿环的景观结构体系。

一轴：以图书教育中心为核心，形成校园南北方向的主轴线。以南轴构建校园樱花大道，传承校园历史；以北轴整合空间，形成连接北校区和展示校园形象的空间轴线。

两带：结合食堂屋顶，打造校园西侧多层次观赏性立体景观空间带；结合建筑室外连廊，筑造校园东侧绿林山廊。

长湖：结合校园中心湖区，形成长湖的环湖滨水空间。

廊苑：运用中国园林中花窗的意向，形成具有特色的中式意境的生活园区。

绿环：利用高差营建景观，打造校园的城市界面。

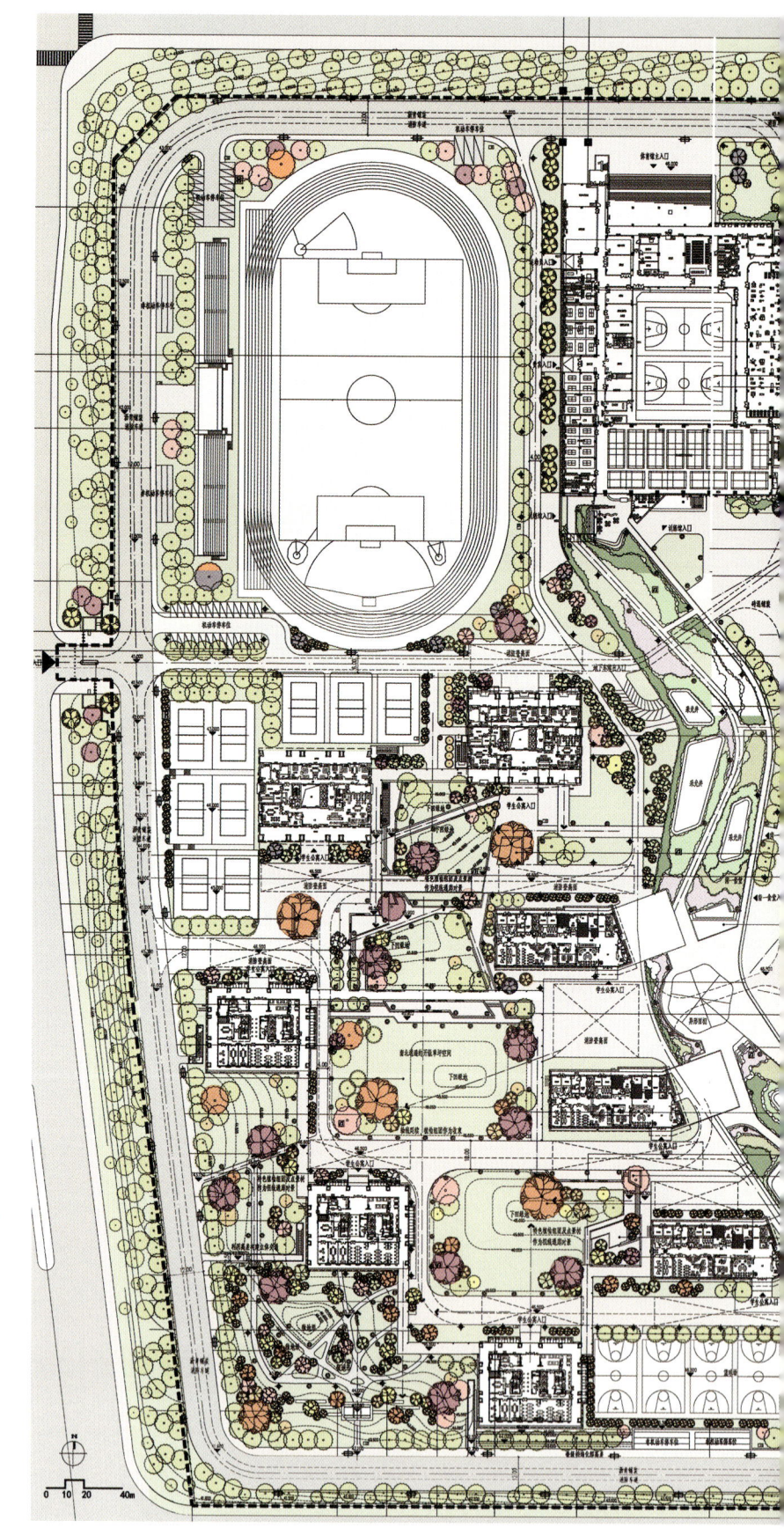

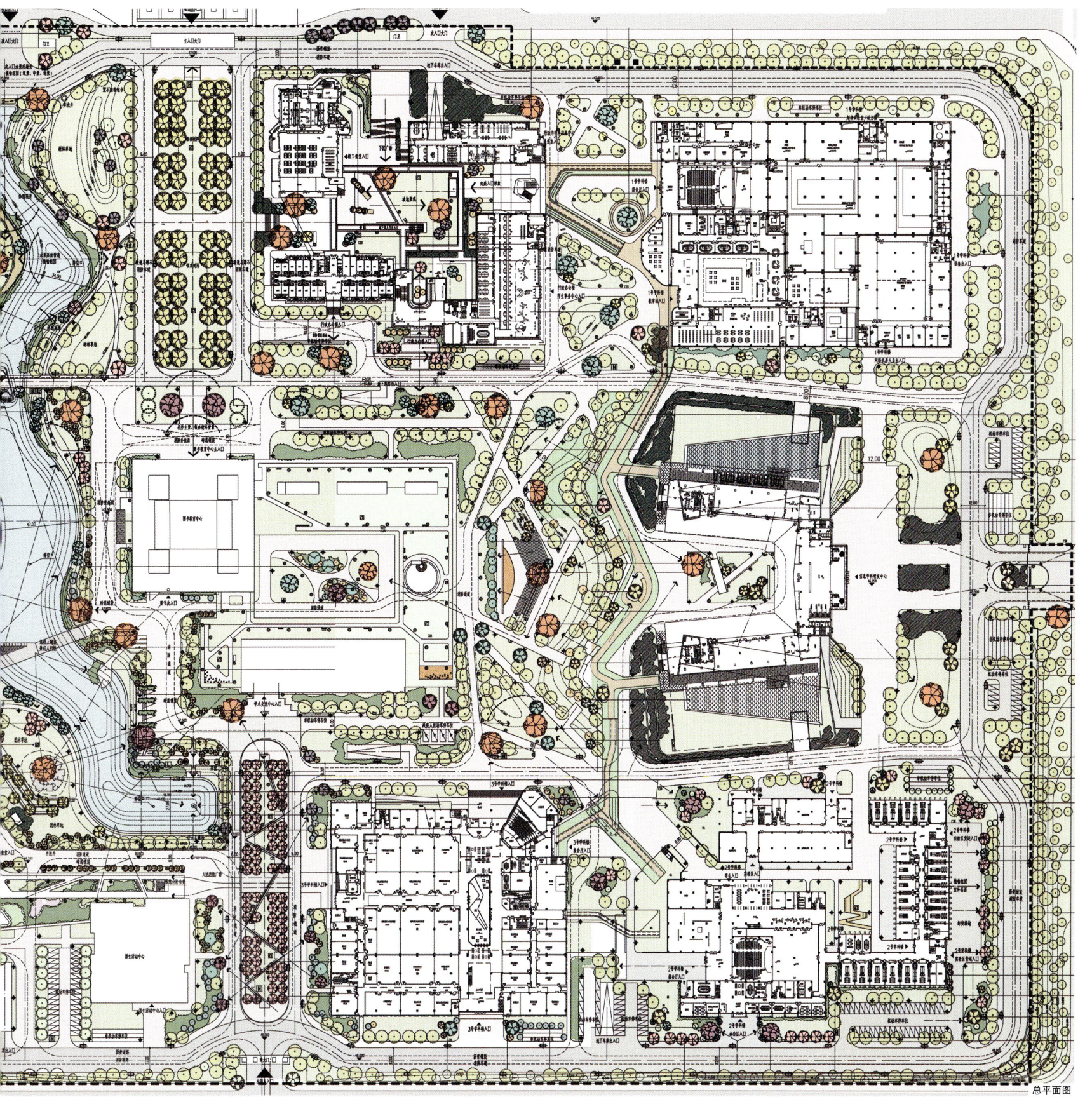

总平面图

多义空间

设计在校园内构建丰富的综合性微空间，将校园中的非正式学习空间、交往空间、景观空间融合起来，形成可学习与休憩两用的庭院、可观景与活动两用的湖边平台，打造宜学、宜游的校园多义空间。

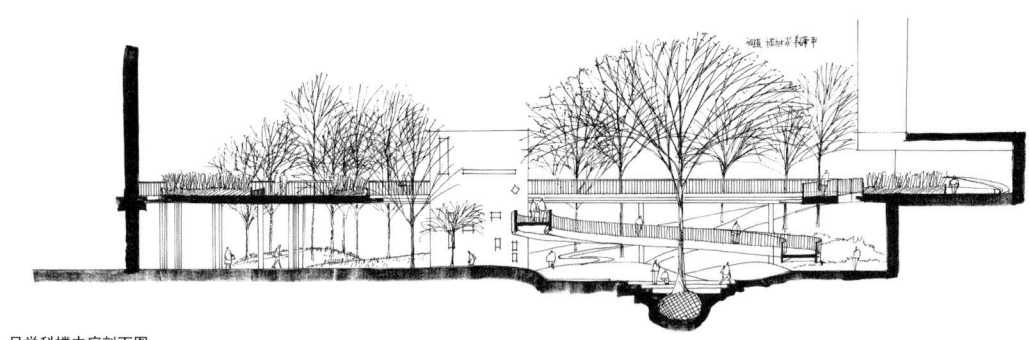

一号学科楼中庭剖面图

二号学科楼中庭剖面图

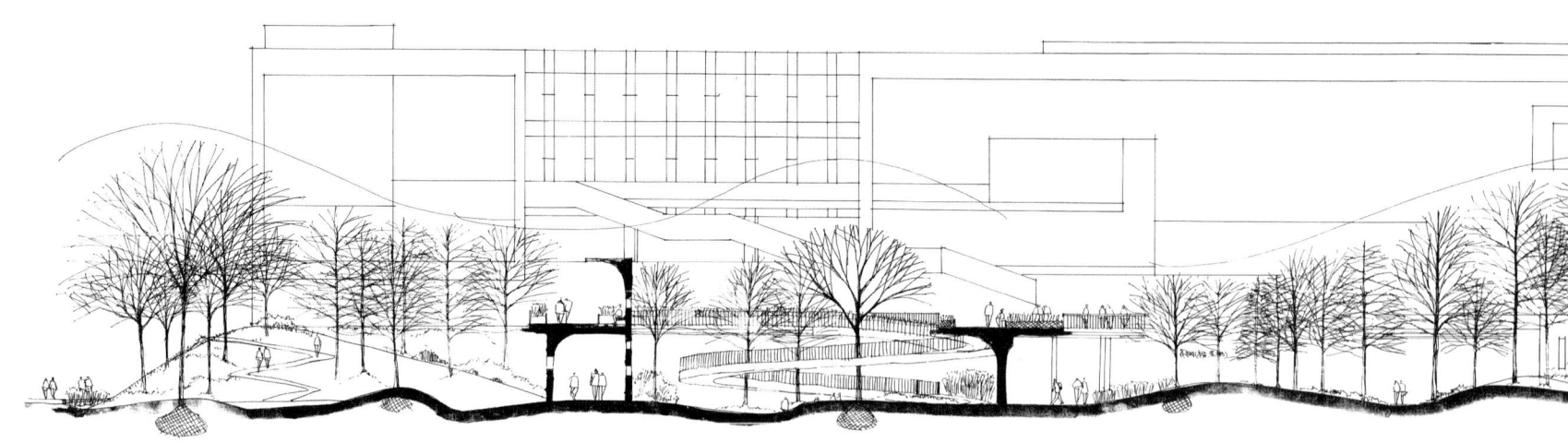

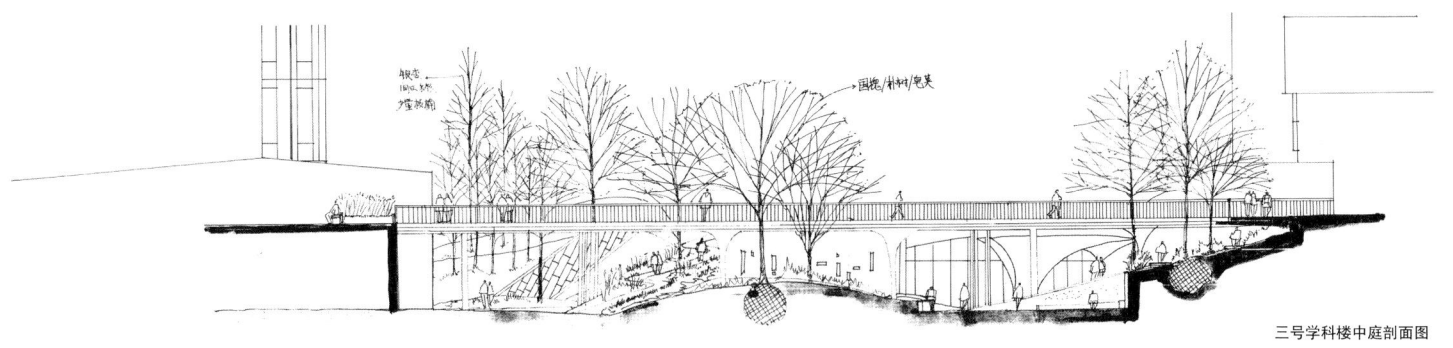

三号学科楼中庭剖面图

图书馆下沉庭院剖面图

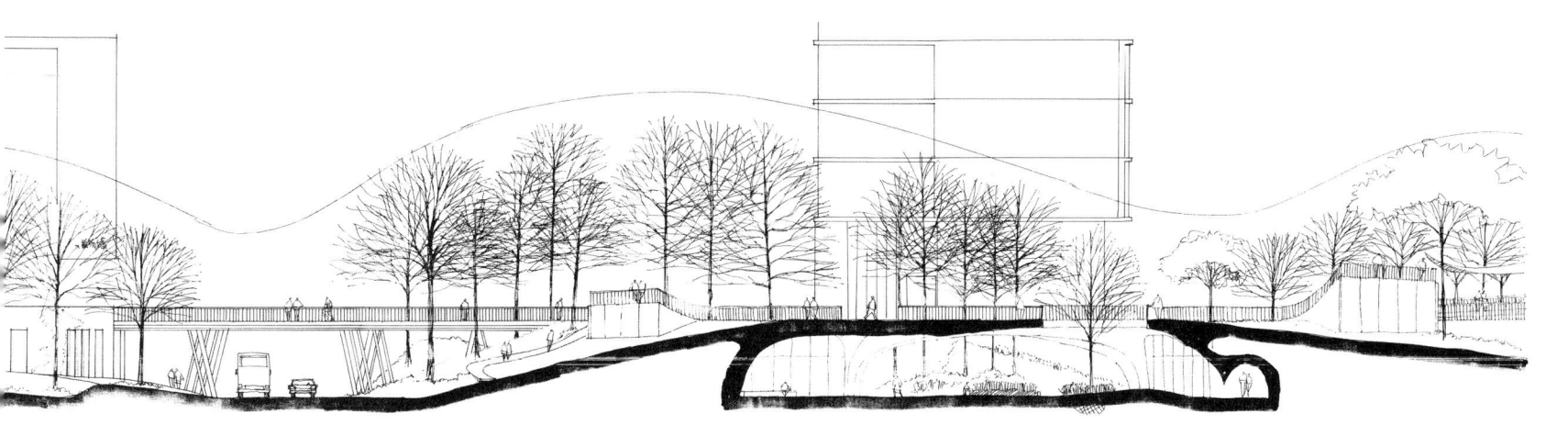

学科楼南北向剖面图

景观植物

该校园景观设计承袭老校园的特色，通过樱花构建校园历史文化轴。同时，选用具有中国传统文化特色的松、柏、桂、榉、银杏等构建校园植物空间骨架，运用具有特殊寓意的竹、柳、梅、杏、桃等丰富校园景观层次。

银杏大道景观效果

樱花大道景观效果

湖区小景

景观桥

湖区全貌

肆 | 聚焦：聚焦创作 全程咨询

- 113 电子科技大学永宁校区总体规划 成都市 2020
- 127 电子科技大学清水河校区文科楼 成都市 2020
- 119 内江师范学院新校区体育中心 内江市 2020
- 106 小平干部学院改扩建工程 广安市 2020
- 131 武胜乡村振兴干部学院 广安市 2020

四川省

小平干部学院改扩建工程
Reconstruction and Expansion Project of Xiaoping Executive Leadership Academy

建筑地点：四川省广安市
设计时间：2020 年
建设情况：建设中
建设单位：小平干部学院
基地面积：433 110 m²
新建筑面积：75 747 m²
项目类型：教育建筑

Location: Guang'an, Sichuan
Design: 2020
Completion: Under construction
Construction unit: Xiaoping Executive Leadership Academy
Residential land area: 433 110 m²
New building area: 75 747 m²
Project type: Education

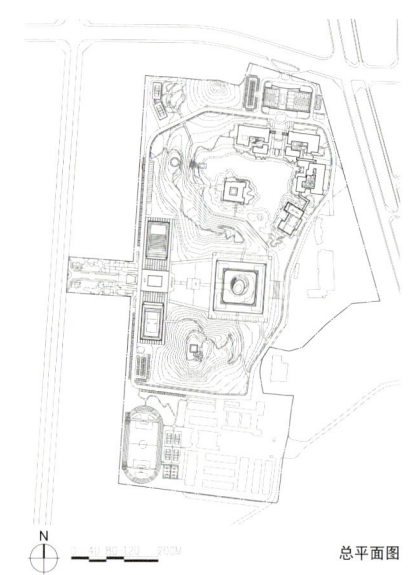
总平面图

该项目位于四川省广安市协兴镇生态文化旅游园区内、原校区以北，西临内环路和湿地公园，北临新华路，东临广花路和协兴镇，南临邓小平故居。

邓小平同志是我国改革开放和现代化建设的总设计师，而小平干部学院作为新时期全国一流的干部培训基地，其设计理念在于体现绿色生态理念与"红色基因"的融合、党建严肃性与现代化学校时代感的统一。设计将"实事求是"作为规划的指导思想，将"刚柔并济"作为建筑与景观的构思主题。从"山水格局""历史相承""聚落空间""借物喻人""精神家园"五个层次切入，形成相应的五个设计特色。

山水格局

规划借鉴中国古典大尺度园林的造园手法，融合西侧湿地公园，保留原有山体，引入水系打造核心景观，形成山水相依的整体布局。以山水景观为核心布局各建筑功能组团，与园林一起形成疏密有致、虚实相生，山、水、楼、阁、院和谐共生的空间格局。

干部学院鸟瞰

校前区中轴鸟瞰

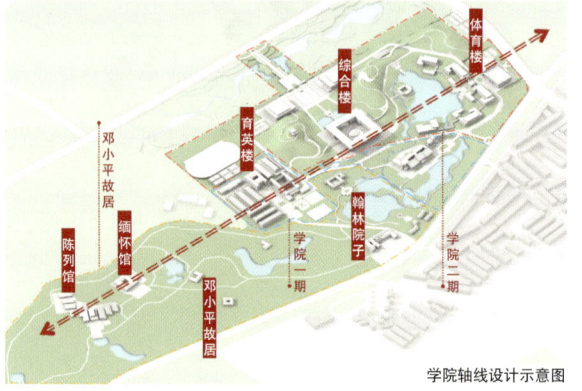

学院轴线设计示意图

历史相承

改扩建工程承接邓小平故居与老校区的空间轴线，延续绿色生态脉络，与广安丰富的"红色资源"联动发展，形成"生平感召"（邓小平故居）+"精神传承"（小平学院）的体验感悟路线。

聚落空间

建筑体量依山就势，形成前庭后园的聚落空间，体现川东传统特色。校前区的设计既方便对外联系，又能保证在此举办重大活动时不影响正常教学；校中区设置的核心功能区便于新老校区共同使用；生活区滨水布置，环境优美；运动区设置在基地南北两侧，兼顾校园内外共享。

借物喻人

建筑在形态设计上直曲结合，形成刚柔并济的视觉效果，以隐喻伟人品性。建筑选用了红色陶板、天然石材等材料，以寓意邓小平的平实质朴。

精神家园

在新老校区的几何中心位置设置纪念广场和邓小平铜像，以打造整个校区的精神高地，并在广场周边景观与建筑的设计上融入"红色文化"、地域元素，打造广大党员干部和人民群众的精神家园。

综合楼

建筑单体设计概念

鼎盛广安：综合楼主体逐层扩大，呈鼎立之势，取"昌盛"之意。建筑四向围合形成合院，立面水平向延展，寓意"平定四方"。建筑主体四角切角，有升腾之态，寓意该学院将使邓小平理论发扬光大。

精神宝库：综合楼坐落在水面之上，采用简洁大气的几何形体，以巨大的出挑营造强烈视觉冲击力，让人过目不忘，其寓意为"精神宝库"。

圆形讲堂

礼堂与交流中心

"城市客厅"：礼堂与交流中心以红色的"改革开放之窗"为设计主题。巨大屋檐具有醒目的标识性，建筑整体造型与主楼相协调，柱廊与气势恢宏的入口巧妙结合，体现了中国传统与现代美学的融合统一。建成后，该建筑将成为小平干部学院乃至广安的"城市客厅"。

临水而居：学院宿舍楼依坡而建，在尊重原始场地地形的基础上布局灵活，并通过形体设计争取充分的景观面，使大部分房间都能够见山望水。

礼堂室内

学院宿舍区

校区鸟瞰

电子科技大学永宁校区总体规划
General Planning of Yongning Campus of UESTC

建筑地点：四川省成都市
设计时间：2020 年
建设情况：待建
建设单位：电子科技大学
基地面积：343 811 m²
建筑面积：436 223 m²
项目类型：教育建筑

Location: Chengdu, Sichuan
Design: 2020
Completion: To be built
Construction unit: University of Electronic Science and Technology of China
Residential land area: 343 811 m²
Residential building area: 436 223 m²
Project type: Education

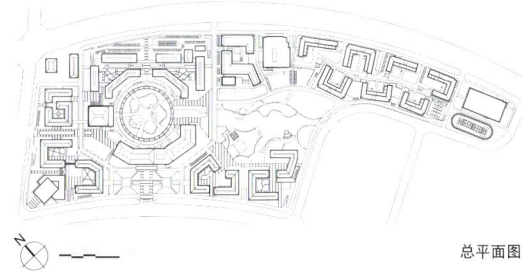

总平面图

  电子科技大学的永宁校区位于四川省成都市温江区东外环路以西、物流大道以东、开元街以南的地块。本校区距离清水河校区约 1.5 km，占地面积 343 811 m²。

  电子科技大学永宁校区致力于信息医学、生命与人工智能等交叉领域的人才培养和科学研究，规划设置了生命科学与技术学院、医学院和对外教育学院等，并开设了多个相关专业的中外合作办学项目。

核心组团鸟瞰

科研学术集群设计理念：集聚、共享

为打造学科融合、交流协作的科研学术集群，设计将生命科学与技术学院、医学院、对外教育学院和图书馆围绕着中央核心景观集群化布置，形成集科研、教学、实验于一体的学术整体。组团内部设置串联各建筑的二层平台，以打造各院系师生交流、共享的公共空间，激发校园活力。

城校整体化布局策略：借景、融合

自然优美的景观环境是校园规划的重要组成部分。设计借景城市公园，顺应上位规划水系走势，将城市绿地景观引入校园内部，打造出脉络畅通的城校一体化景观。校园水系蜿蜒灵动，其外形宛如温润、优雅的"玉如意"，寄寓着电子科技大学稳步发展的美好愿景。

滨水生活街区设计理念：复合、交流

生活区不再只是单一的住宿功能，而是集合了餐饮、住宿、学习、运动、交往以及商业配套于一体的功能复合化的综合性社区。设计以位于建筑二层的平台系统以及景观栈道系统将上述功能连接为一个整体，形成亲近自然、环境优美的滨水生活带，为该校学生提供了便利的人性化生活设施和富有活力的社交场所。

图书馆

图书馆中庭

一号楼

一号楼中庭

三号科研楼

三号科研楼剖面图

体育中心总体鸟瞰

内江师范学院新校区体育中心
Sports Center of New Campus in Neijiang Normal University

建设地点：四川省内江市
设计时间：2020年
建设情况：待建
建设单位：内江师范学院
基地面积：212 891 m²
建筑面积：71 002 m²
项目类型：体育建筑

Location: Neijiang, Sichuan
Design: 2020
Completion: To be built
Construction unit: Neijiang Normal University
Residential land area: 212 891 m²
Residential building area: 71 002 m²
Project type: Gymnasium

总平面图

为满足高速发展的要求，切实落实科学发展观、构建和谐校园，内江师范学院拟新建一座体育中心。该体育中心的建设将有利于提升整个校园公共体育设施水平，更好地满足师生日益增长的体育文化需求，同时，可利用对外运营的机会，实现场馆更广泛的社会效益。

该体育中心的规划和设计以满足功能要求为基础，凸显校园体育建筑应有的青春活力。总体规划和建筑单体设计都满足实际需要，并遵循美观实用的设计原则。

体育场本着校市共享、综合利用的原则，按照中等丙级的设计标准，建成后可满足举办省级运动会及其相关田径比赛的要求，同时为大型表演、聚会和展览提供场所。对该体育设施校内校外的共享将有利于推动内江师范学院的文化与艺术交流，有利于提升内江市体育健身基础设施的整体水平。

该体育中心位于校区东北侧，东临光华大道，南邻田高路，西接学校主环路，北为学校规划中的东入口。本项目包括20 000个席位的体育场1座、4144个席位的体育馆1座、训练馆1座、游泳馆1座以及3个5人制足球场、9个篮球场、2个网球场、8个排球场等。

设计理念

花开甜城：在三馆一场总体规划时，设计将内江市花——栀子花的形象与建筑造型相结合，形成"花开甜城"的总体布局。

在设计体育馆建筑单体时，延续"栀子花"的主题，形成体育场独特的造型。

大千山水：在整体建筑立面设计上，取意张大千名作《山路空翠图》中的山水意向，体现内江独特的山水文化与人文特色。

功能布局特色

赛后利用，以副养主：体育场西看台下空间布局灵活，使赛时、非赛时的空间功能转换成为可能。因便于根据使用需求将小空间合并为大空间，或将大空间改造为小空间，从而提高了体育场的空间利用率，达到"以副养主"的目的。

运营为先，以商养场：体育场东看台下的功能设置集健体、休闲、娱乐、商业为一体，便于通过商业运营为体育场馆的日常维护提供支持。

功能复合，一馆多用：该体育中心汇集四大主要功能：比赛、训练、集会、演出。看台座席组合形式灵活多变，适用于多种场合；平面尺寸约为 54 m × 38 m 的内场配合活动看台，以多种组合形式来满足活动多样化的需求。

设计理念示意图

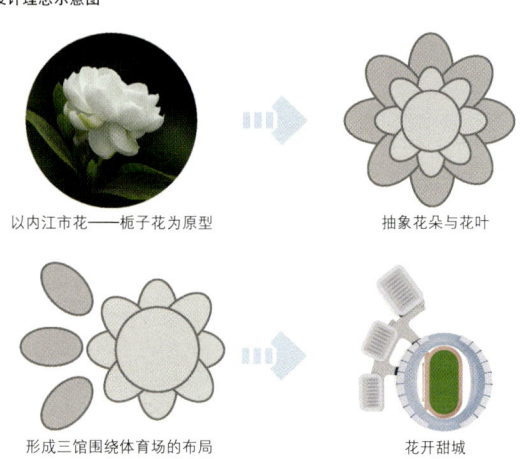

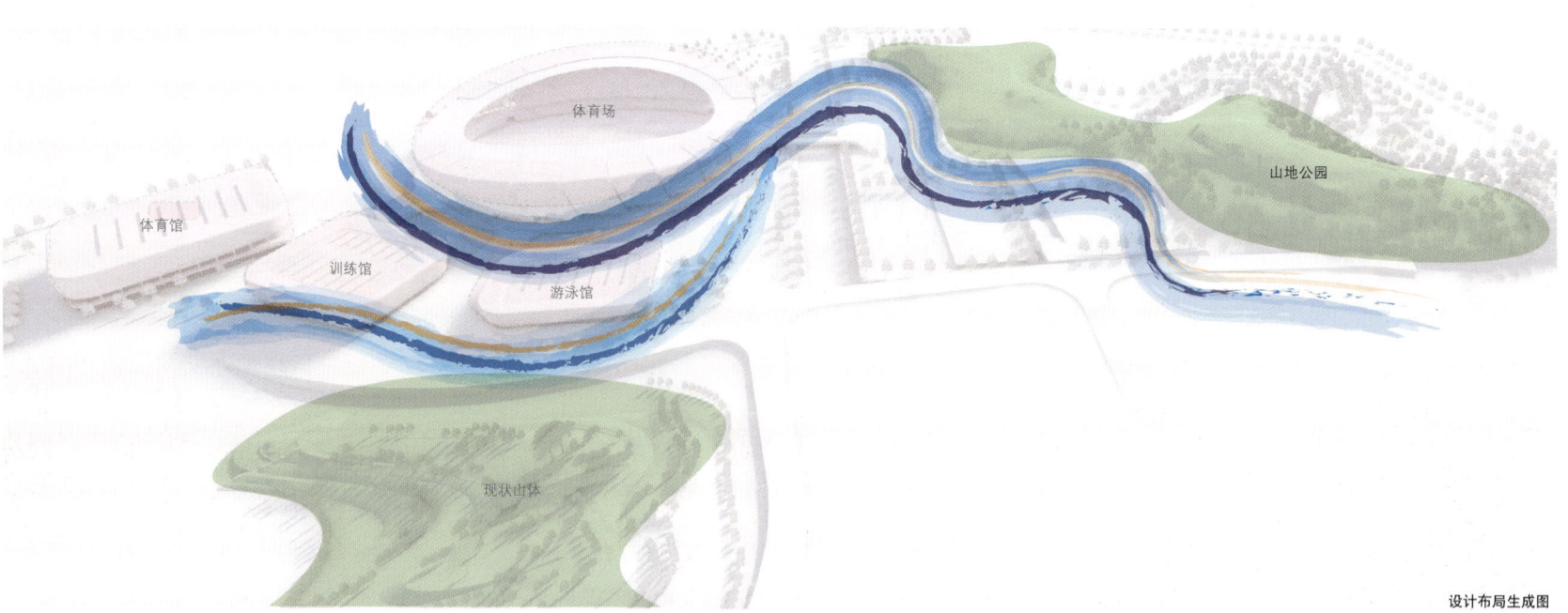

设计布局生成图

体育中心夜景鸟瞰

黄昏中的体育中心

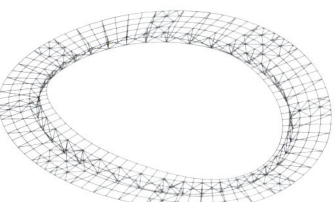

屋面主要结构图

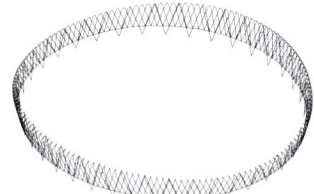

竖向构件及幕墙结构图

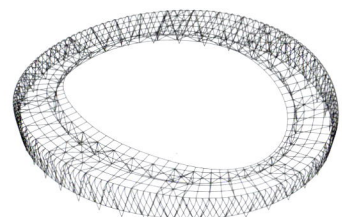

体育场整体钢结构图

体育场正视图

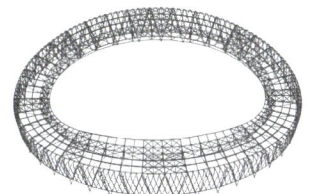

体育场屋面透视图

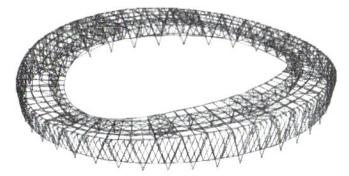

体育场鸟瞰图

体育中心沿街面

二层连廊　　体育场内场

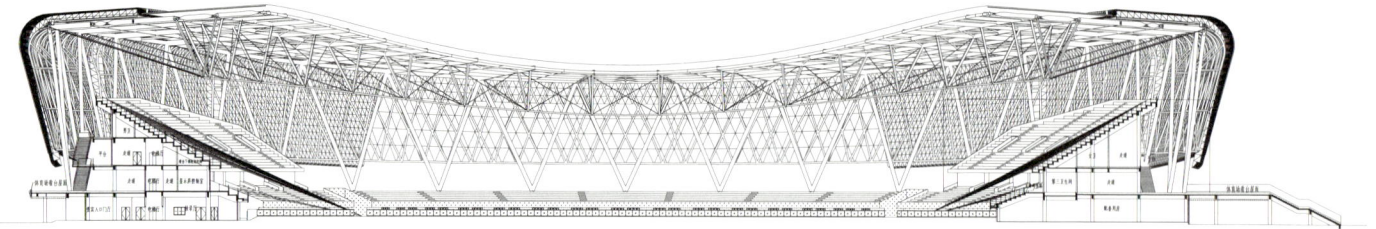
体育场剖面图

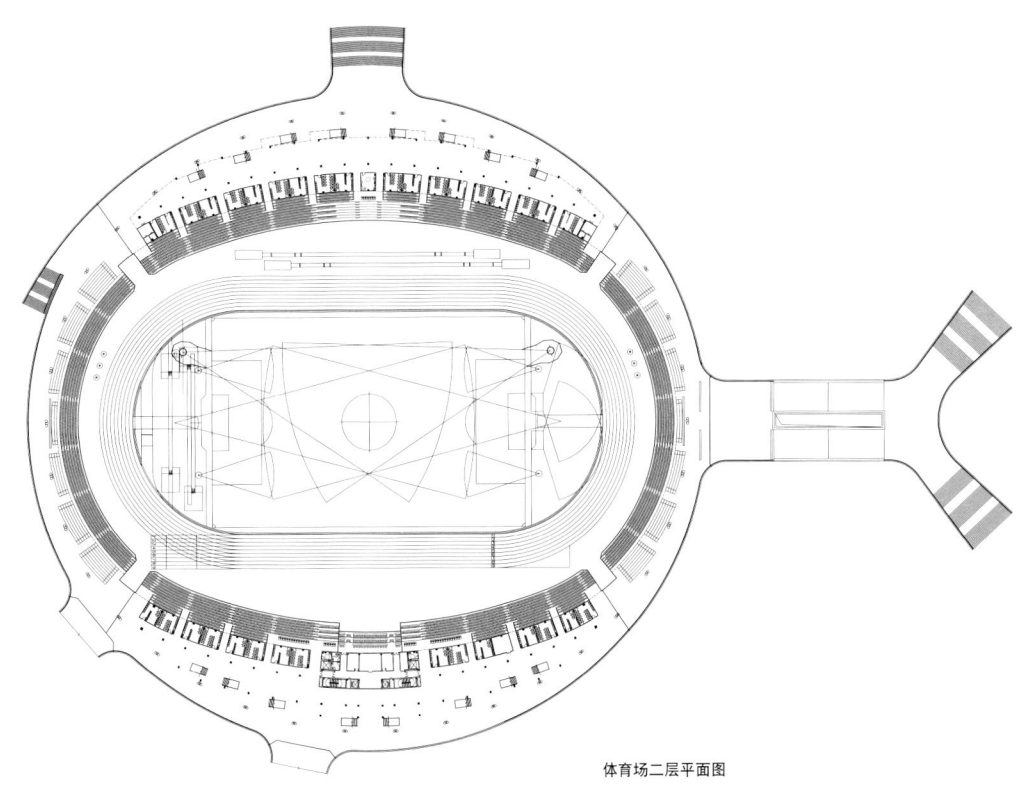

体育场二层平面图

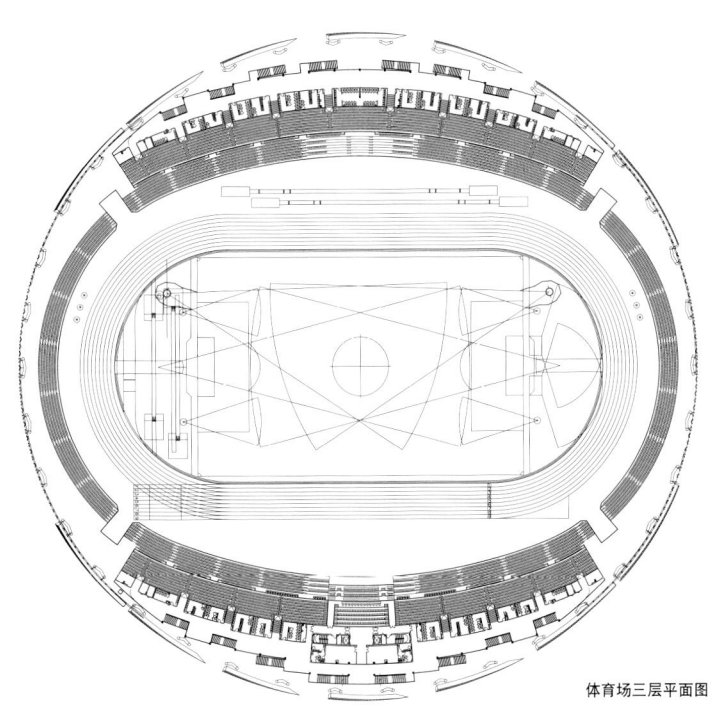

体育场三层平面图

文科楼鸟瞰（四环高速路一侧）

电子科技大学清水河校区文科楼
Liberal Arts Building of Qingshuihe Campus of UESTC

建筑地点：四川省成都市
设计时间：2020 年
建设情况：待建
建设单位：电子科技大学
基地面积：44 000 m²
建筑面积：82 926 m²
项目类型：教育建筑

Construction site: Chegndu, Sichuan
Design: 2020
Completion: To be built
Construction unit: University of Electronic Science and Technology of China
Residential land area: 44 000 m²
Residential building area: 82 926 m²
Project type: Education

总平面图

建筑设计

文科楼位于电子科技大学清水河校区中部，北临品学楼，南侧面向景观水面，西侧面向组团级公共空间，东临开阔的体育运动场地。总建筑面积 82 926 m²，地上 14 层，地下 1 层。

布局与功能：本建筑组团呈放射状布局，将各个方向的人流引入中心庭院。文科楼内的功能设置主要包括：公共管理学院、外国语学院、马克思主义学院，以及所有学院共享的报告厅、展厅、研讨区、自习区、教室、咖啡书吧、预留公共发展用房等。

建筑形态构成：建筑由四栋高低错落的主楼和中部公共环廊组成。每栋主楼的顶部层层退台，均有不同的景观朝向，最大化地利用公共景观资源。

文科楼（滨水一侧）

景观设计

遵循"共享型生态绿岛"概念，设计将绿化处理成"岛状"布局，岛之间的区域作为人行空间，引导师生汇聚到建筑中心的主庭院空间。

将场地西侧设置的组团级大型开放空间作为校园的二级景观节点，以大面积绿化种植为主，提升西侧立人楼、品学楼间的风貌品质。

在整个建筑的中心位置设置主庭院空间。这一空间除了满足景观绿化的功能之外，也为师生提供了丰富多样的室外、半室外空间，这里可作为学习、主题演讲、公共教学展示等活动的场所。

文科楼共享大厅

报告厅室内

学院楼室内

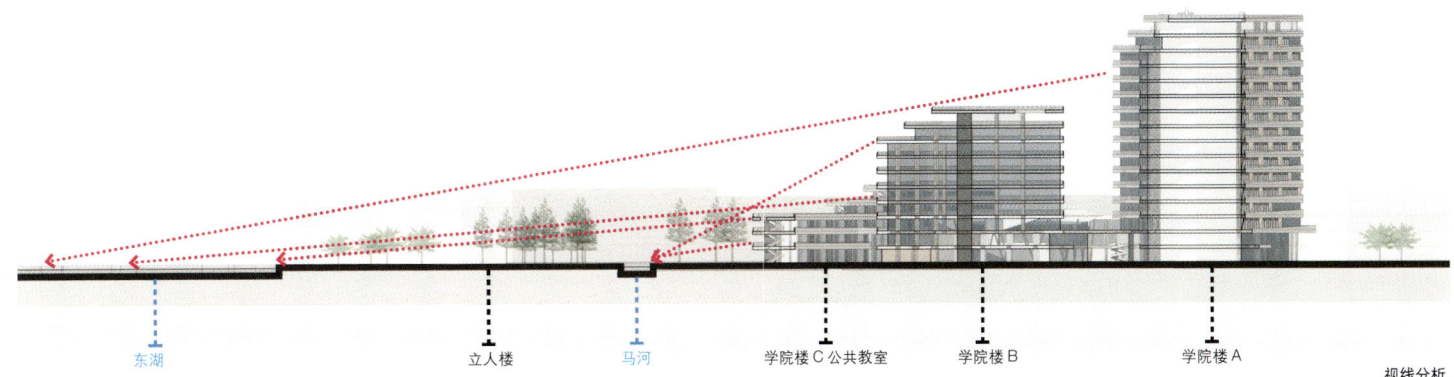
视线分析

东湖　立人楼　马河　学院楼C公共教室　学院楼B　学院楼A

立面设计

文科楼整体采用水平向构成元素，通过每层外挑的弧形楼板和栏板在形成强烈的线性连续感的同时起到了很好的水平遮阳效果。屋顶的层层退台形成了建筑立面垂直向的动感节奏，建筑与水景、绿化相呼应。

建筑立面采用水泥纤维板幕墙，内侧墙面为透明玻璃面与水泥纤维板墙面的组合。立面比例匀称，细部精致，色调素雅，富有时代气息。

学院前区鸟瞰

武胜乡村振兴干部学院
Wusheng Rural Revitalization Cadre College

建筑地点：四川省广安市
设计时间：2020 年
建设情况：建设中
建设单位：中国共产党武胜县委员会党校
基地面积：73 053 m²
建筑面积：27 968 m²
项目类型：教育建筑

Location: Guang'an, Sichuan
Design: 2020
Completion: Under construction
Construction unit: Party School of Wusheng County Committee of the Communist Party of China
Residential land area: 73 053 m²
Residential building area: 27 968 m²
Project type: Education

总平面图

　　该项目位于四川省广安市武胜县飞龙镇的卢山村与莲花坪村内，东南临飞白路，南临同心林以及武胜县委党校一期校舍。

　　干部学院建设项目着力解决现存问题，完善党校服务功能，发挥乡村振兴示范区优势，用好武胜县"红色资源"，对标全国一流党校，围绕"立足广安、面向四川、服务全国"的建设目标，打造以公园式、花园式、家园式、田园式为特色的干部学院，成为融入"红色基因"、诠释和展示乡村振兴的特色传播平台。

　　规划设计了层层递进的轴线序列，并将武胜乡村干部学校特有的"红色基因"融于其中。整个轴线序列分为起承转合多个层次，对称庄重，开合有度，特征明显。

　　一进院落：校园主入口设置在基地东南侧，主入口中轴对称，庄重大气。

　　二进院落：主楼退让飞白路形成开阔的前区广场。

　　三进院落：主楼中心位置作为校园的精神场所，突出党校特色，同时也是组织各区交通的共享节点。

　　四进院落：利用地形高差，中部设置"砥砺前行"之路。

　　五进院落：序列的远端设置露天的田园多功能讲堂，将教学融于乡村振兴面貌的大背景之中。

　　六进院落：在项目西侧打造自然的田园景观，将武胜的田园风光作为学校的自然背景。

校区鸟瞰

联动共享，乡村振兴

规划以乡村振兴战略中的"一个目标""三步走战略"以及"五大振兴"为设计概念，将之融于总体设计布局中。

设计将会议中心、图书馆、展馆及其配套用房整合为"乡村振兴综合体"，不仅集成了干部学院的公共功能，如报告厅、学员接待、图书阅览、校史展示等，而且拓展出书院、集市、讲习所等功能，与周边村民共享。

林盘肌理，文脉传承

林盘，作为一种川东地区由来已久的居住空间形态，广泛分布于该项目场地周边。设计通过对基本林盘要素"屋、院、檐、水、田"新的排列组合，打造一座现代田园林盘式的干部学院。

融合环境，生态校园

面对场地西侧独有的田园自然环境，设计通过"借景"等手法使之"渗透"进校园，成为校园景观的组成部分，打造出一个生机勃勃的特色生态校园。

碧道串联，协同发展

规划设计通过设置深入田园风光的架空廊道，将校内外景观资源连接在一起，共同构建出"碧道景观体系"。

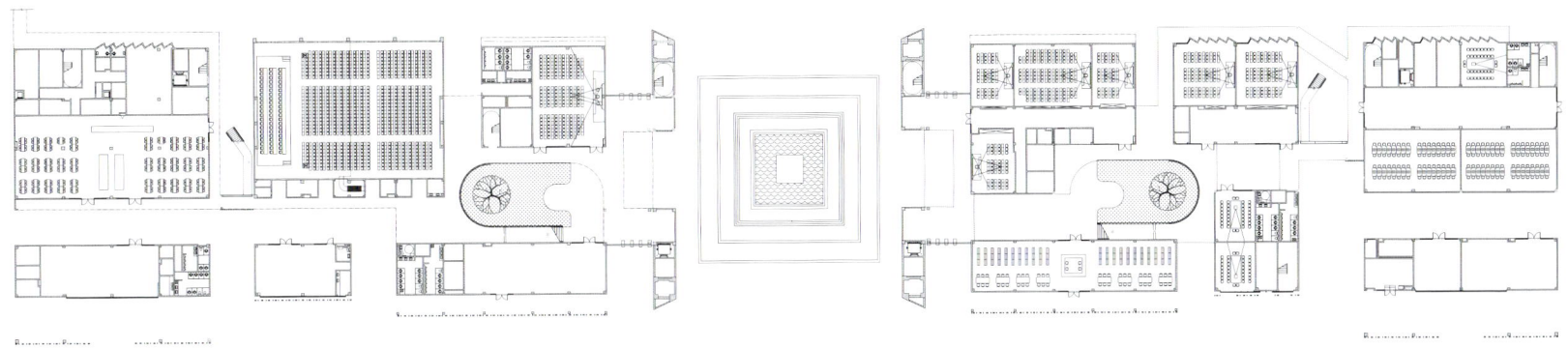

综合楼一层平面图

综合楼

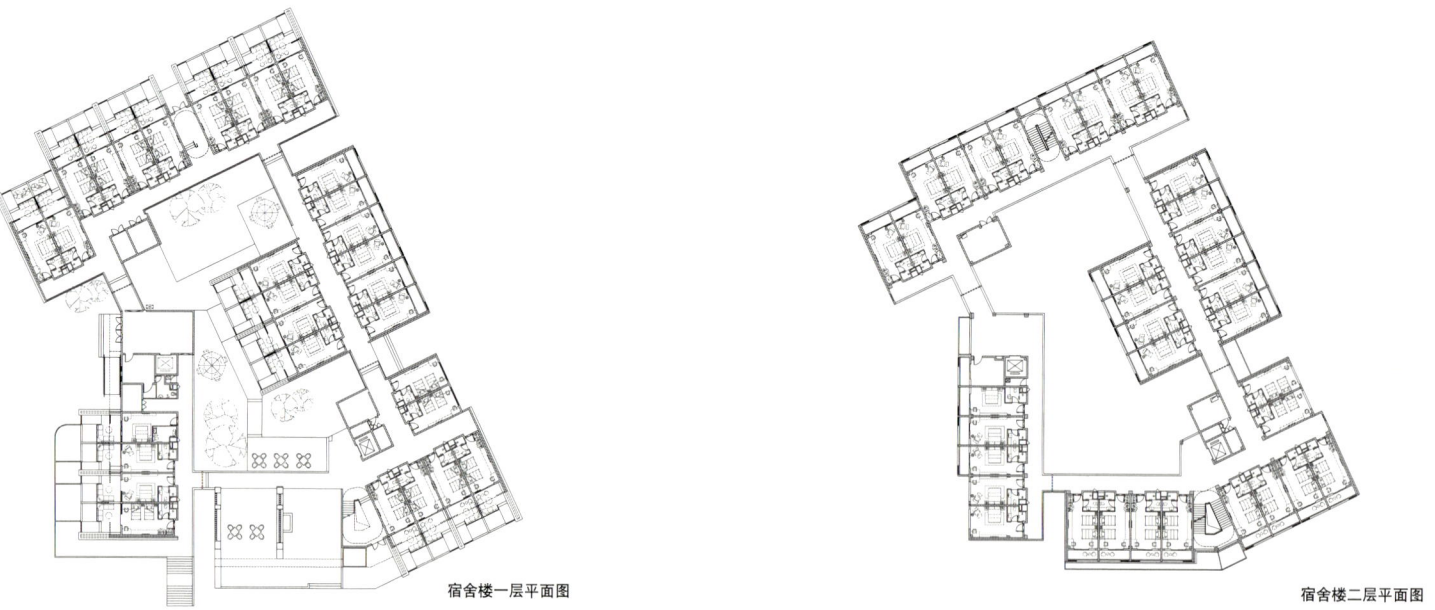

学院宿舍区

宿舍楼一层平面图

宿舍楼二层平面图

接待中心

曲径通幽的廊径

便于交往的院廊

伍 | 奋进：砥行立名 蹈厉奋发

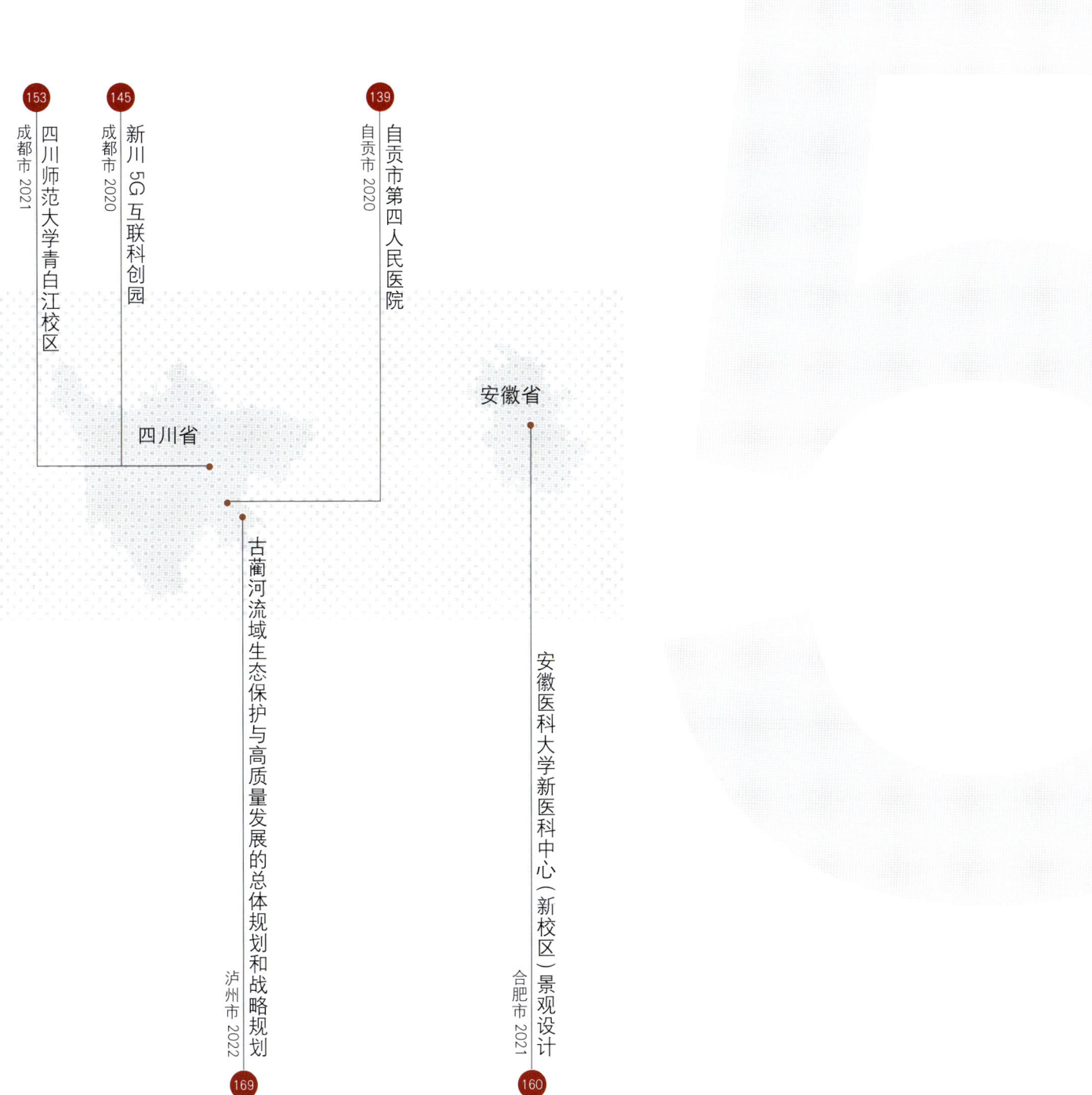

- 153 四川师范大学青白江校区 成都市 2021
- 145 新川 5G 互联科创园 成都市 2020
- 139 自贡市第四人民医院 自贡市 2020

四川省

- 169 古蔺河流域生态保护与高质量发展的总体规划和战略规划 泸州市 2022

安徽省

- 160 安徽医科大学新医科中心（新校区）景观设计 合肥市 2021

医院日景鸟瞰

自贡市第四人民医院
Zigong Fourth People's Hospital

建设地址：四川省自贡市
设计时间：2020 年
建设情况：建设中
建设单位：自贡市第四人民医院
用地面积：109 118 m²
建筑面积：334 996 m²
项目类型：医疗建筑

Location: Zigong, Sichuan
Design: 2020
Completion: Under construction
Construction unit: Zigong Fourth People's Hospital
Residential land area: 109 118 m²
Residential buiding area: 334 996 m²
Project type: Medical

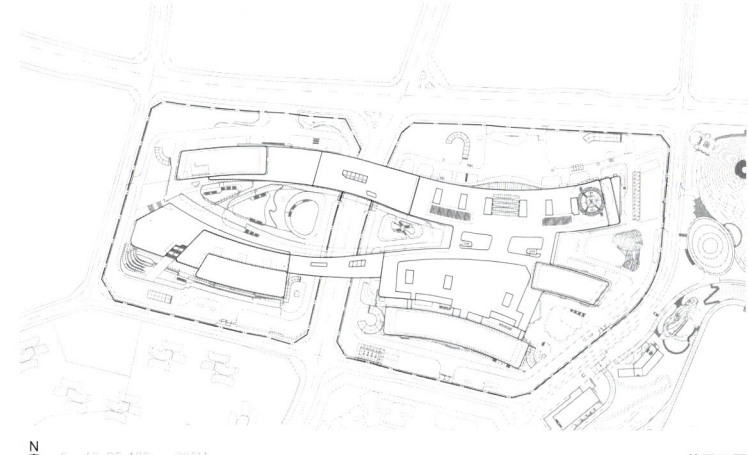

总平面图

该项目位于四川省自贡市，按照三级甲等综合医院建设标准打造，建筑面积约 334 996 m²，编制床位 1700 床。医院建成后将完善区域城市医疗服务功能，为周边群众提供高水平、高质量的医疗服务。

医院夜景鸟瞰

设计理念：

本设计突破大多数传统医院的封闭形象，探索医院与城市之间的融合之路，努力打造一座公园里的城市医疗综合体。

融——通过基地中部道路无缝接驳城市交通，引导患者快速进入医疗街核心；沿公共空间节点布置餐饮、零售等配套商业服务，在满足医患多元需求的同时提升院区活力，打造出院城互融的城市界面。

汇——基于场地分为两个地块以及规划对医院北侧车行主入口的限制，设计将地块中部道路作为两个地块的交通核心，以东侧高峰公园的景观核心与交通核心之间的连线作为主轴，将各个医疗板块及景观体系沿主轴依次展开，形成医院设计的总体架构。此外，设计将公园景观汇入绿谷中轴，使整个院区仿佛成为公园景观的延伸。

贯——人流与车流经由不同标高进入场地。设计采用下穿通道、上跨步行桥等多种立体交通方式化解场地高差，实现人车分流，打造院区贯通地上、地下、空中的立体交通网络。

通——东西地块通过过街楼连成"生命之环"。采用钢框架+支撑结构体系、跨度达90 m的过街楼打破了地块间的隔阂，整合了建筑的空间形态与交通流线，为医疗功能体系高效联动地运转提供了保障。

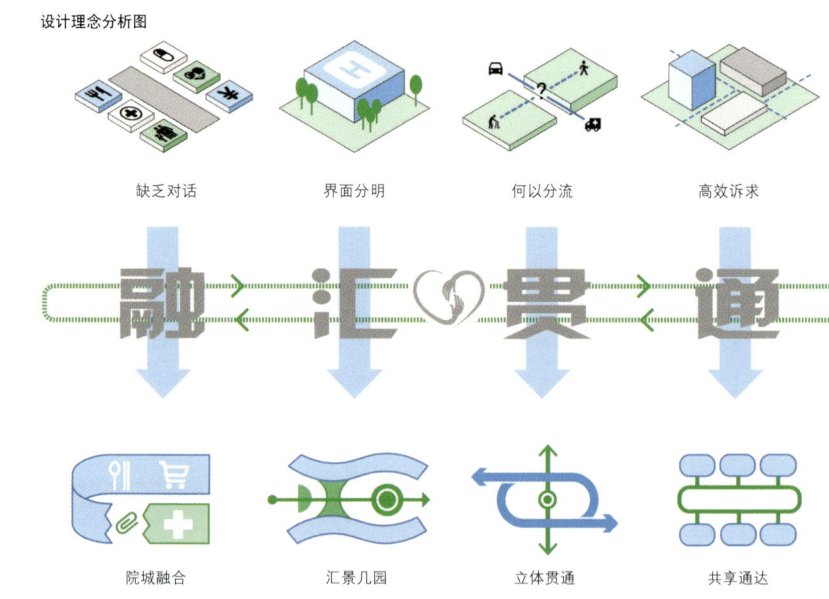

设计理念分析图

医院黄昏鸟瞰

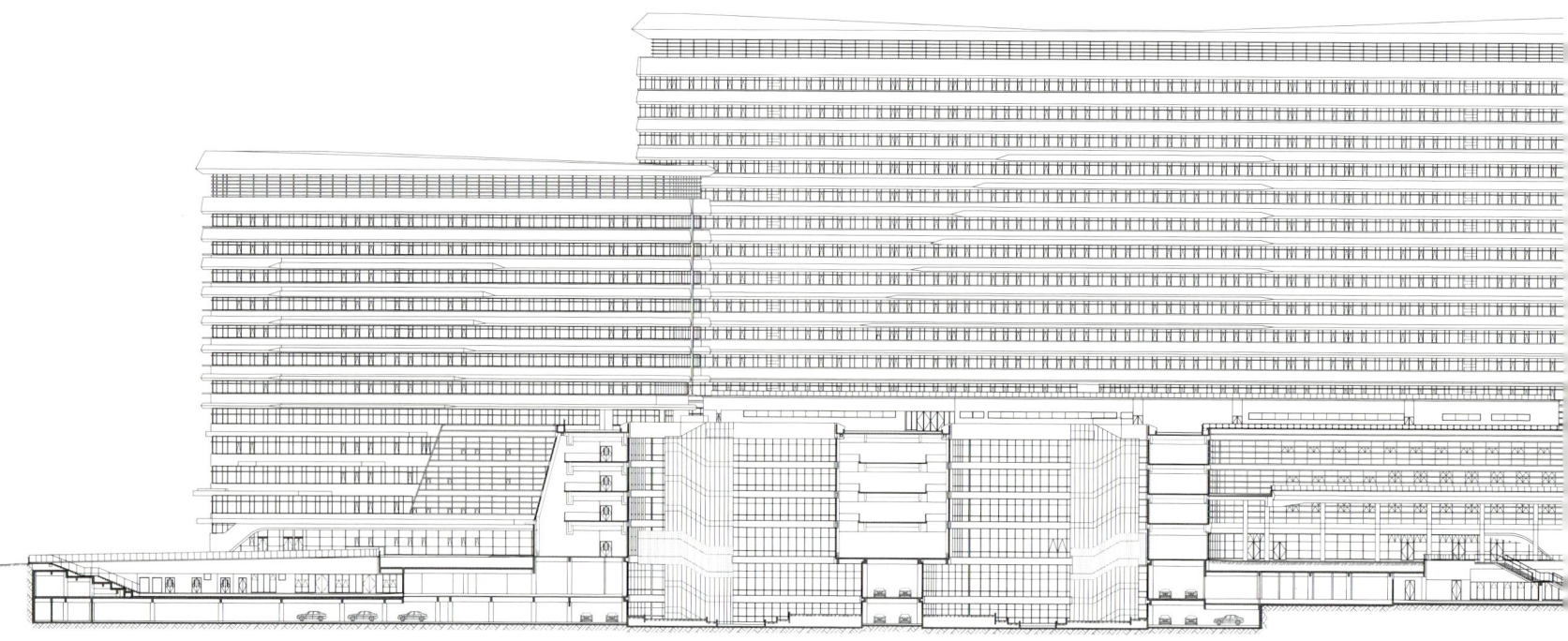

医院内部庭院

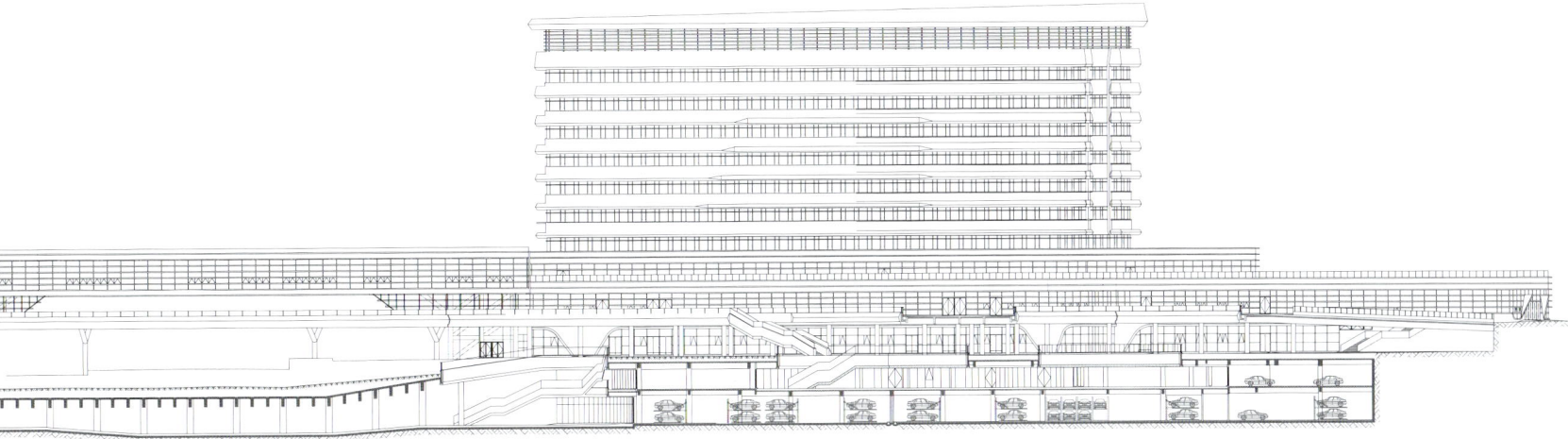

医院剖面图

医院夜景

园区总体鸟瞰

新川 5G 互联科创园
Xinchuan 5G Internet Science and Technology Innovation Park

建设地点：四川省成都市
设计时间：2020 年
建设情况：建设中
建设单位：中新（成都）创新科技园开发有限公司
基地面积：126 080 m²
建筑面积：433 910 m²
项目类型：办公建筑

Location: Chengdu, Sichuan
Design: 2020
Completion: Under construction
Construction unit: Zhongxin (Chengdu) Innovation Science Park Development Co., Ltd.
Residential land area: 126 080 m²
Residential building area: 433 910 m²
Project type: Office

　　该项目位于成都市高新区新川创新科技园的核心组团内。为打造具有国际竞争力的产业生态圈和创新生态链、加速构建产业链和产业集群的园区宗旨服务。

　　规划设计沿基地中央道路组织空间。作为景观林荫大道的中央道路，以一定的透明性和界面连续性使各个地块之间互相渗透。支路作为功能性道路，在规范要求内按需设置道路入口和停车场入口。

　　园区的功能分区是在项目总体规划和产业策划基础上展开的，具体依据为产业分区、地标区位和产品分类。在多种模式的办公楼底层植入商业功能，打造开放的空间活力。

设计理念

打造成都高品质科创5G创新生态示范园区，以"一空间+五平台"模式为核心，形成高品质科创空间、5G研发共性平台、5G云网融合平台、5G安全协同平台、5G虚拟专网平台和5G前沿技术创新平台。

融合新加坡"花园城市"与成都"公园城市"的发展理念，打造地面、平台、空中、屋顶多层面的生态景观。

依托5G智能互联网应用技术以及垂直与水平向的建筑功能复合，形成5L多级智能交通体系，集成多种应用场景，打造西部首个5G智慧园区标杆。

项目融合办公、商业、特色餐饮、休闲活动于一体。日常工作与休闲生活在场地内和谐共存，展现了成都乐活生活的态度。

5G 互联示意图

园区多层级绿化空间

设计要素示意图

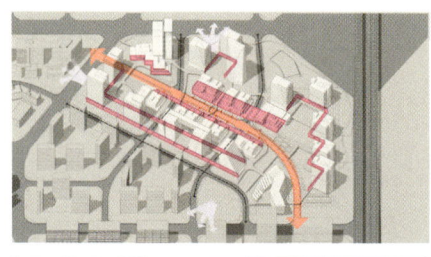

结构与界面控制
设计严控空间结构和街道界面，以保证尽可能多地形成宜人的街道界面。沿景观主轴布置低层建筑，并保证其界面的透明性、渗透性和连续性。

多元空间
在空间结构的基础上，规划多样的功能空间，建筑体量按照"中心道路低、四周高"的原则进行布置。

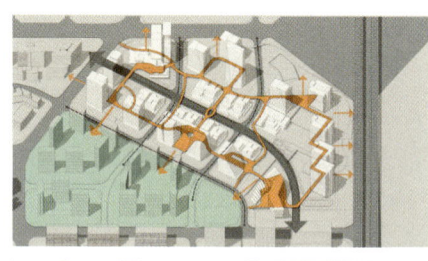

联系与连接
在空间结构、景观界面、体量排布确定的前提下，设计利用立体步道系统串联所有空间，营造立体的园区环境。

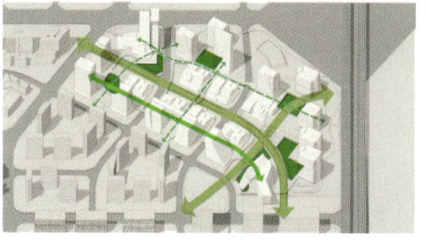

公园系统
设计以中央道路和南北向绿带为景观主轴线，并在此基础上确立若干景观节点。在景观节点间，通过步行通廊和立体步道系统相联系。

园区绿核

园区千步廊

园区环步道

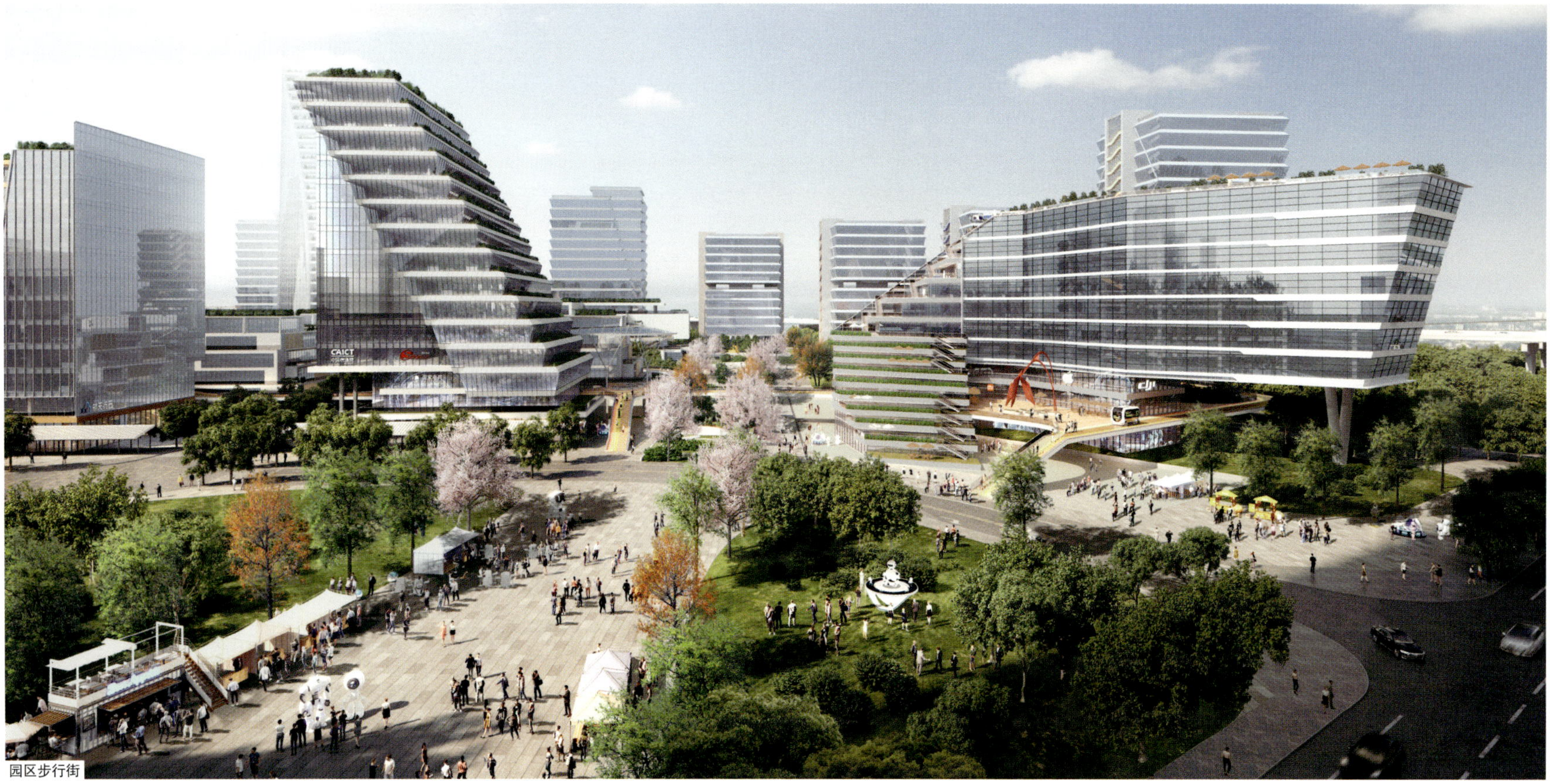
CAICT

园区步行街

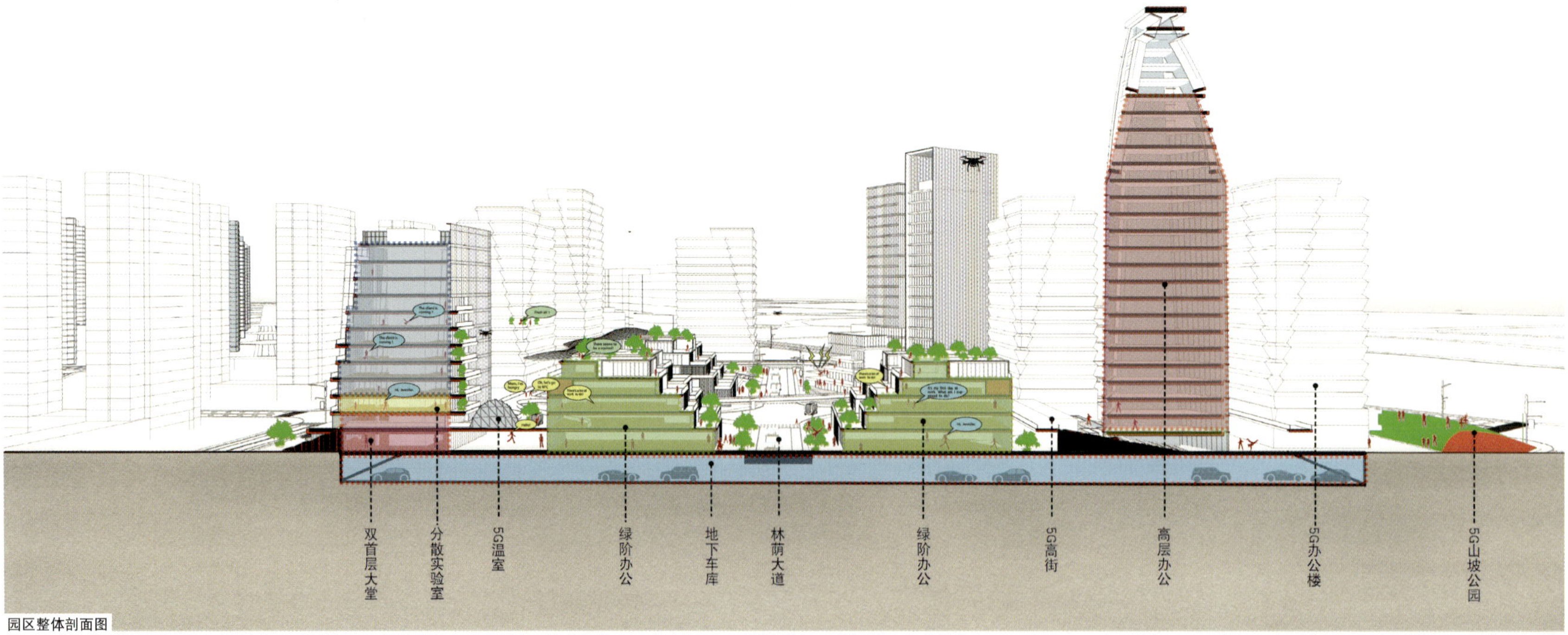
双首层大堂
分散实验室
5G温室
绿阶办公
地下车库
林荫大道
绿阶办公
5G高街
高层办公
5G办公楼
5G山坡公园

园区整体剖面图

园区沿街夜景

园区公共绿地

园区沿街面

校区整体鸟瞰

四川师范大学青白江校区
Qingbaijiang Campus of Sichuan Normal University

建设地址：四川省成都市
设计时间：2021 年
建设情况：建设中
建设单位：成都青白江蓉欧园区运营管理有限公司
合作单位：上海同济城市规划设计研究院有限公司
基地面积：677 000 m²
建筑面积：459 700 m²
主要用途：教育建筑

Location: Chegndu, Sichuan
Design: 2021
Completion: Under construction
Construction unit: Chengdu Qingbaijiang Rongou Park Operation Management Co., Ltd.
Collaborator: Shanghai Tongji Urban Planning & Design Institute Co., Ltd.
Residential land area: 677 000 m²
Residential buiding area: 459 700 m²
Project type: Education

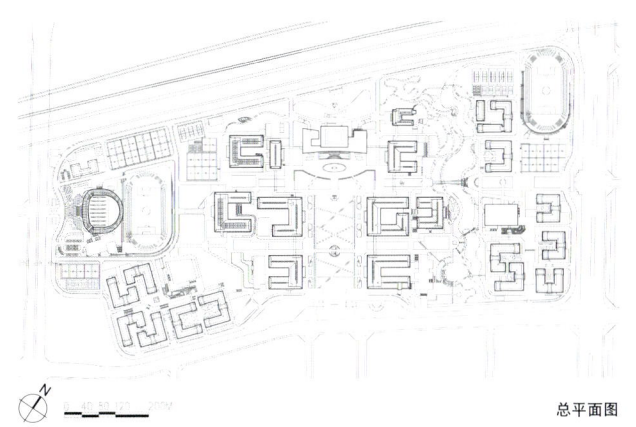

总平面图

该项目位于成都市东北部青白江区欧洲产业城中片区，距主城区 25 km。该片区是四川省重要的冶金、建材和机械制造基地，是中国西部最大的铁路物流枢纽、四川省唯一的铁路货运型对外开放口岸，也是蓉欧快铁的起点地。

校园总规划用地 1015 亩（约合 677 000 m²），总建筑面积 459 700 m²，在校生总体规模 16 000 人，教职工 2000 人。

设计构思

根据基地的特点以及大学校园功能的分布要求，为保证各个功能之间的明确分区和便捷联系，降低相互间的干扰，设计将整个大学划分为场地中部的学术交流区（包含综合楼、5 个学院组团和 1 个公共教学组团）、东西两侧的生活组团和运动组团。为表现山地建筑的特征，设计使用了多层次的观景平台、风雨长廊、深远的屋面挑檐、局部底层架空等处理手法。建筑以坡顶为主，平坡结合，使其风格在统一中有变化。具有古典气质的拱形长廊串联起主要的院落，在强调理性秩序感的同时，赋予校园沉稳、典雅的气质。设计的大量灰空间方便师生们自由穿行于建筑之间。

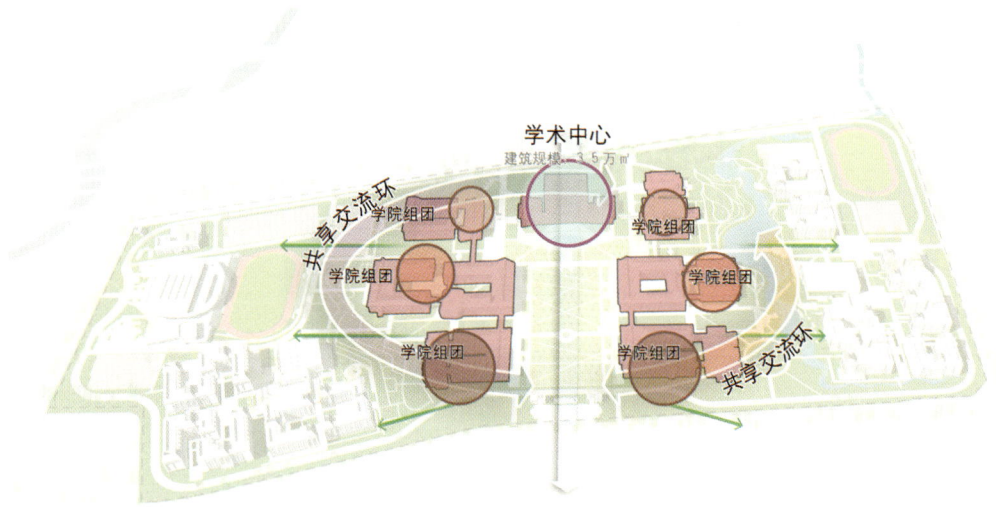

空间特色：博采众长、开放共享

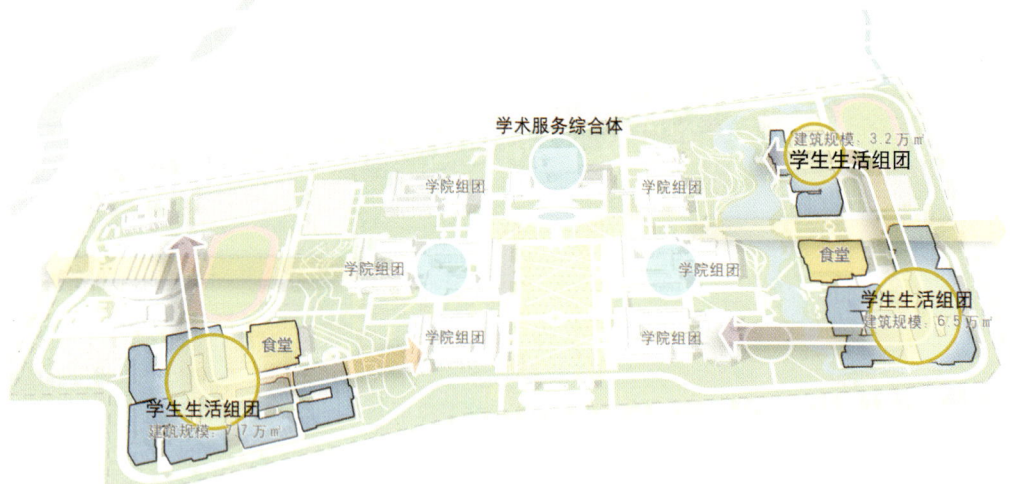

宿舍－食堂－学生街生活服务－中央绿地－运动场地
五大生活要素一体化布置

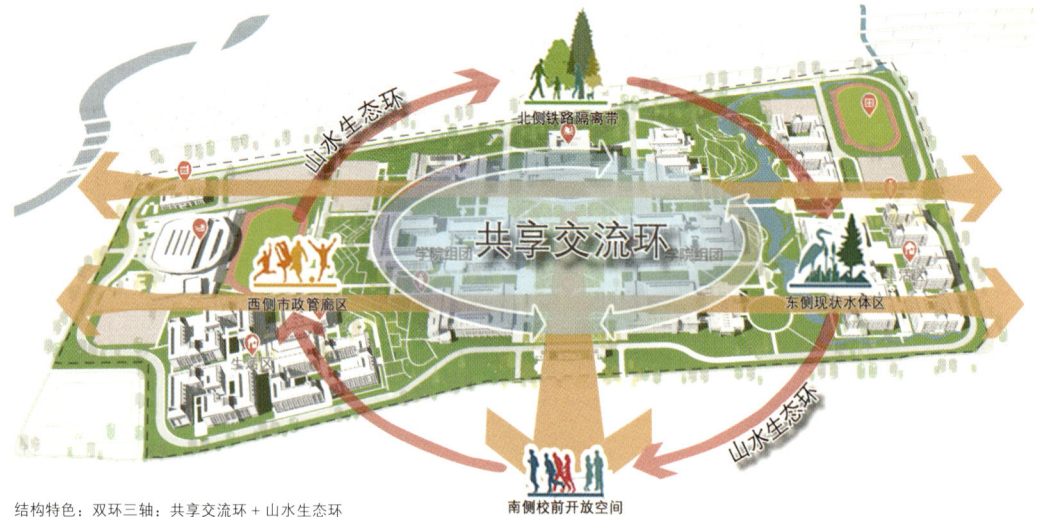

结构特色：双环三轴：共享交流环＋山水生态环

设计策略

开放共享：

设计由传统以功能为主的空间模式升级为功能多元、空间多样、建筑与环境相交融的开放共享模式。

学术成"环"：

以东侧现状水体区、北侧铁路隔离带、西侧管廊市政区和南侧校前开放空间组成"山水生态环"，由中央学院组团围合形成"学术交流环"。

功能重组：

采用"1+6+3+3"的功能结构，形成以1个学术中心为核心、6个学院组团围绕，外加3个学生生活组团和3个中心（体育中心、后勤中心、会议培训中心）的全新功能布局。

学住一体：

教学区的书苑和生活组团区的生活庭苑共同构成校园"九苑"格局。宿舍－食堂－学生街生活服务－中央绿地－运动场地五大生活要素一体化布置，形成校园中舒适的"5分钟生活圈"。

校区夜景鸟瞰

校区中轴鸟瞰

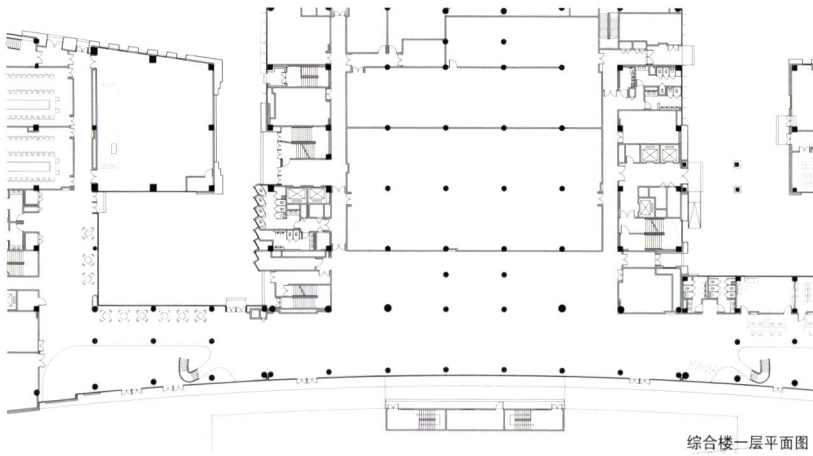

综合楼一层平面图

工学院

建筑特点

中西结合:通过古典书院和欧式方院的结合,设计打造出具有师大特色的宜人的校园空间。

轴序呈礼:借助轴线对空间序列的决定性作用,沿主轴布置重要的校园建筑,形成校园精神文化空间。

延续文脉:图书馆的设计概念为"学海行舟",其塔楼如书山般沉稳厚重,裙房则似海浪舒展优雅。塔楼竖向金属格栅整体形如一个包绕的字母"C",中间凹入的玻璃幕墙部分如同字母"S",与川师大校徽上代表性校名的字符相一致,彰显了对学校文脉的延续。

依山就势:建筑顺应地势,利用台地地形,以自然草坡与台阶联系学院楼。连廊、台阶、架空层形成丰富的内院空间。

学校食堂(东区)

体育馆

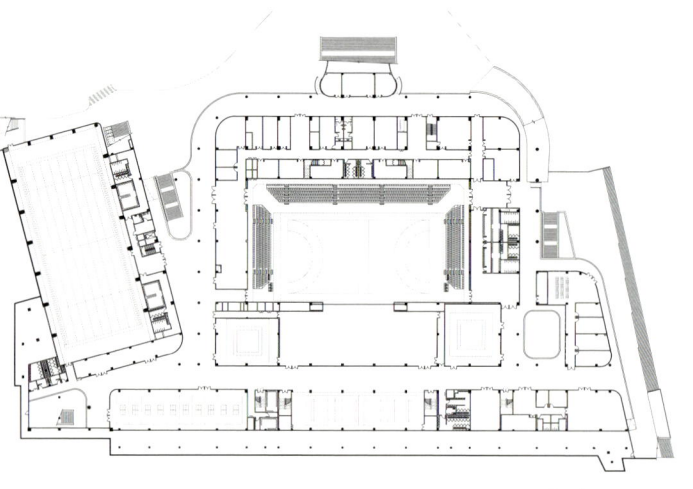

体育馆一层平面图

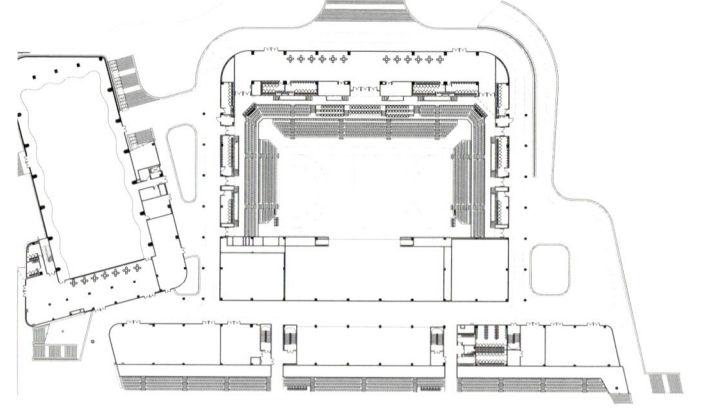

体育馆二层平面图

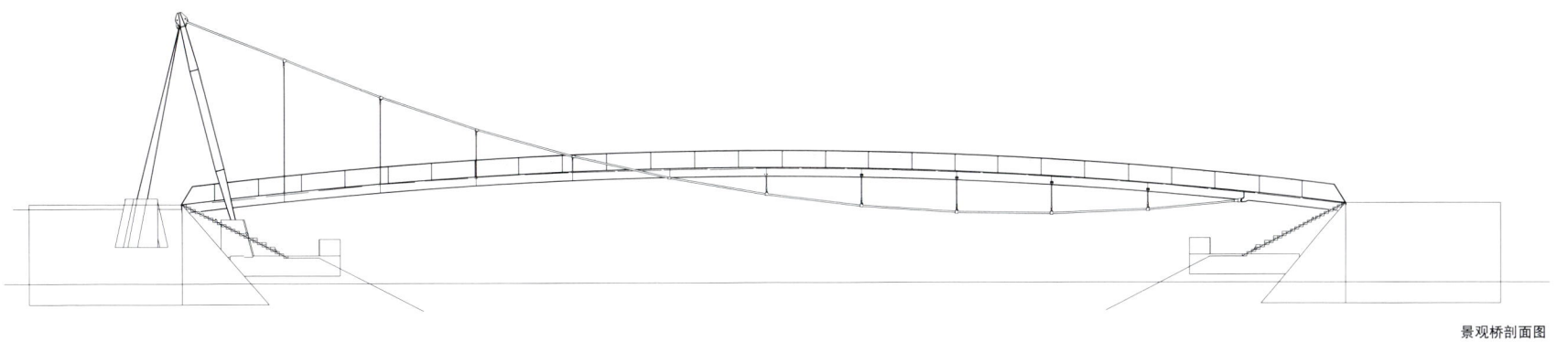

景观桥剖面图

景观桥

安徽医科大学新医科中心（新校区）景观设计
Landscape Design of New Medical Center (New Campus) in Anhui Medical University

建设地点：安徽省合肥市
设计时间：2021年
建设情况：建设中
建设单位：安徽医科大学
基地面积：143 hm²
绿地面积：41 hm²
项目类型：校园景观

Location: Hefei, Anhui
Design: 2021
Completion: Under construction
Construction unit: Anhui Medical University
Residential land area: 143 hm²
Landscape design area: 41 hm²
Project type: Campus landscape

该项目位于安徽省合肥市肥西县产城融合示范区内，距离东北方向的市中心约 20 km。基地西依紫蓬山国家森林公园，东临巢湖。

整体校园建设分两期实施，学校定位为"国内一流、国际知名的高水平医科大学"。

田园之上·生命之松

设计从"蓝绿织网""活力双环""生态绿脉"三个方面展开，努力打造公园式的生态校园。

蓝绿织网：建立景观主廊，沿水系构建生态廊道，打通周边渠道、湿地、塘地，打造联通的生态系统，为营造城市生态网络助力。

活力双环：构建两大景观主环线，将校园分为生活与学术两个圈层，各司其职又相互融合。

生态绿脉：生态景观由校园主轴向四周渗透、蔓延，打造校园的景观特色。

校区鸟瞰

景观构架——两轴五组团

校园南轴（校医文化轴）：设计概念是将校园比喻为一棵"生命之松"——从南侧湿地公园汲取养分，穿过"生命之翼"的南校门、"杏林问道"的中央主轴，到达核心教学区的图书馆，然后"开枝散叶"，组成校园的各个景观空间。

校园东轴（校史文化轴）：以"溯源""追忆""未来"三个概念贯穿整个东轴，寓意安徽医科大学继往开来的美好愿景。

核心教学组团：该核心组团位于"生命之松"树冠的中心位置，是一切"枝干"散发的原点，通往成就金字塔的顶端就必须越过知识的海洋、攀上学识的高山。延续"书山学海"的设计概念，将图书馆前的水系和地形高差联系起来，打造层次丰富的滨水景观带和台地景观。

科研组团：以"DNA双螺旋链"的概念构建以求知与交流为核心的校园学术街与休闲街，将教学、科研、实验、交流、休闲等功能融为一体。

生活组团：通过置入景观节点将生活区与周边教学实验、娱乐设施紧密串联，形成便捷的生活学习圈。

东区公园组团：以"绿脉、绿道、文化、田园"为切入点，植入蓝绿织网 - 绿脉相连、绿道贯通 - 设施共享、依托安医 - 文化置入、保育田园 - 适度干预四大设计概念，营造一个"生长"在自然中的校园景观。

体育公园组团：结合体育中心运动场，布置种类不同的室外运动设施，营造全民健身的室外运动场景。

总平面图

生态湿地

校园湖区

百草园

水系生态设计

引水：项目场地西南向高、东北向低，设计从西、南两侧水渠引水，并在校园内设置拦水坝，以化解场地高差。

排水：当雨量超过洪水位时，设计使多余雨水从校园北侧溢流口排向市政管网。

水体净化：设计采用由食藻虫引导的水生态系统构建技术。

滨水健步道：沿水岸线设置滨水健步道，与校园林荫跑道连接，打造校园整体的健康步道系统。

日冕花园

景观植物设计

注重植物季相变化，充分展现自然的魅力，利用景观设计完好呈现"春绿、夏鸣、秋红、冬枯"等自然现象。参照自然群落结构组合，以"恢复－稳定－提升"的顺序逐步完善校园植物群落结构。

打造园区生态长廊，为强化城市生态系统服务功能、构建完整的城市生态系统助力。

大草坪

校区南入口鸟瞰

校区南校门

图书馆前广场

校区南向主轴景观

项目规划设计鸟瞰

古蔺河流域生态保护与高质量发展的总体规划和战略规划
General and Strategic Planning of Gulin River for Ecological Protection and High-quality Development

设计地点：四川省泸州市
设计时间：2022 年
战略规划面积：1500 hm^2
总体规划面积：371 hm^2
重点规划面积：179 hm^2
项目类型：战略规划

Location: Luzhou, Sichuan
Design: 2022
Strategic planning area: 1500 hm^2
Master plan area: 371 hm^2
Key planning area: 179 hm^2
Project type: Strategic planning

　　总体规划和战略规划是古蔺县对生态文明思想创造性实践的指导性文件，是实现生态产品价值的纽带，兼顾生态、安全、文化、景观、经济等功能，其宗旨是通过系统思维共建共治，优化廊道生态、生活、生产空间格局，形成顺畅的行洪通道、健康的生态廊道、秀美的休闲漫道、独特的文化驿道和绿色的产业链道。

　　规划工作秉持"水、产、城"三维共治，实现"生产、生活、生态、生命"共融。以治水为先导，优化生态本底，塑造优美环境，增大对绿色高能产业和高素质人群的吸引力，促进产业升级与人口结构优化。通过治城提升城市服务功能，通过公共空间布局还水于民，提升城镇活力，推动流域土地与空间价值，释放环境红利。

智育水廊鸟瞰

创见性的区域发展目标

通过探讨古蔺县与古蔺河、赤水河以及"酱香酒河谷"的关系，结合未来的城镇定位，本次规划对标其他流域地区保护和发展的经验及愿景，进行了一轮对古蔺生态文明理念的创造性探索。

随着"十四五"规划的全面展开，需要重新审视县域河流的水安全、水环境和水生态，以保持和最低扰动河流的自然属性为宗旨，前瞻性地统筹项目开发、防洪、竖向改造与山水系统的关系，让城、乡、山、河有机共生。

体育公园鸟瞰

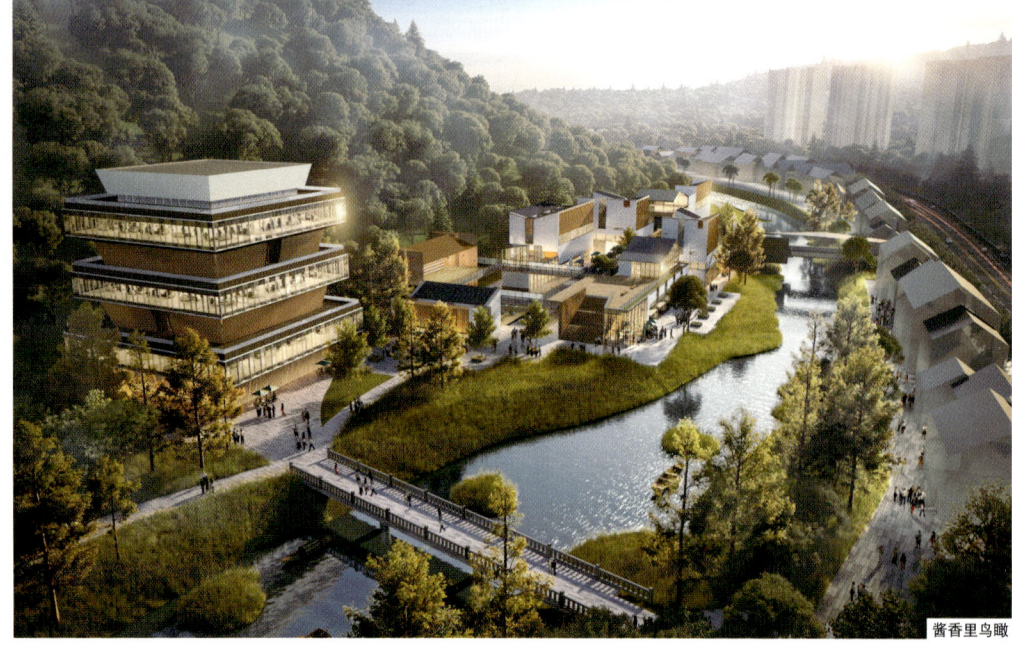

酱酒文化院鸟瞰

酱香里鸟瞰

文化半岛

打造"可赏可游可城可野"的滨水体验

以城市滨水生活为中心，可持续地提升河道沿岸的生态景观和活动空间品质。利用山水关系、区位优势、滨水建设以及城市公共建筑，打造点链联动、城野相接、人文亲厚的多元化、多功能的滨水城市名片。

生态三角洲

项目实录

规划与城市设计

泸州教科城规划

建设地点：四川省泸州市　　建设单位：泸州市教育局
设计时间：2013 年　　合作单位：上海同济城市规划设计研究院有限公司
建设情况：未实施　　基地面积：712 hm²

泸州国窖文化公园

建设地点：四川省泸州市　　建设单位：泸州老窖股份有限公司
设计时间：2016 年　　设计面积：850 hm²
建设情况：未实施　　建筑面积：54 hm²

成都 5G 智慧城先导区城市设计

建设地点：四川省成都市　　建设单位：中新（成都）创新科技园开发有限公司
设计时间：2020 年　　合作单位：DP ARCHITECTS
建设情况：未实施　　基地面积：60 hm²

天全县城市设计

建设地点：四川省雅安市　　建设单位：天全县住房和城乡建设局
设计时间：2021 年　　基地面积：681 hm²

天台山片区公园城市规划设计

建设地点：四川省资阳市　　核心设计范围：190 hm²
设计时间：2021 年　　建设单位：资阳市城市建设投资有限公司
规划设计范围：463 hm²　　合作单位：上海同济城市规划设计研究院有限公司

古蔺河流域生态保护与高质量发展的总体规划和战略规划

设计地点：四川省泸州市　　战略规划面积：1500 m²
设计时间：2022 年　　总体规划面积：371 hm²
　　重点规划面积：179 hm²

教育医疗项目

四川城市职业学院眉山新校区

建设地点：四川省眉山市　　建设单位：四川城市职业学院
设计时间：2014 年　　合作单位：上海同济城市规划设计研究院有限公司
建设情况：2022 年竣工　　基地面积：492 703 m²　建筑面积：478 103 m²

内江师范学院新校区

建设地点：四川省内江市　　合作单位（部分施工图合作）：四川博达建筑勘
设计时间：2015 年　建设情况：建设中　　察设计有限公司
建设单位：内江师范学院　　基地面积：1 411 053 m²　建筑面积：770 351 m²

四川化工职业技术学院

建设地点：四川省泸州市　　建设单位：四川化工职业技术学院
设计时间：2016 年　　基地面积：278 118 m²
建设情况：未实施　　建筑面积：329 958 m²

新川创新科技园幼儿园及运动场

建设地址：四川省成都市　　建设单位：中新（成都）创新科技园开发有限公司
设计时间：2016–2017 年　　基地面积：7800 m²
建设情况：2021 年竣工　　建筑面积：3700 m²

内江市高级技工学校

建设地点：四川省内江市　　基地面积：160 000 m²
设计时间：2017 年　　建筑面积：99 000 m²
建设情况：建设中

四川省仪陇中学新政分校修建性详细规划

建设地点：四川省南充市　　建设单位：四川省仪陇中学校
设计时间：2017 年　　基地面积：268 000 m²
建设情况：2018 年竣工　　建筑面积：221 800 m²

攀西凉铭国际学校

建设地点：四川省凉山彝族自治州　建设单位：冕宁凉铭教育管理有限公司
设计时间：2017 年　基地面积：71 000 m²
建设情况：2021 年竣工　建筑面积：53 000 m²

四渡赤水干部学院项目

建设地点：四川省泸州市　建设单位：古蔺县兴城城市投资建设经营有限公司
设计时间：2019 年　基地面积：104 045 m²
建设情况：2022 年一期竣工　建筑面积：68 807 m²

吉利学院（成都校区）

建设地点：四川省成都市　建设单位：成都铭福教育投资有限公司
设计时间：2018 年　基地面积：1 294 200 m²
建设情况：2020 年竣工　建筑面积：1 266 460 m²

四川建华职业学院概念规划及一期单体项目

建设地点：四川省南充市　建设单位：四川省表方实业有限公司
设计时间：2018 年　基地面积：155 715 m²
建设情况：建设中　建筑面积：52 277 m²

三峡大学生物制药与材料化工教学实验中心楼项目

建设地点：湖北省宜昌市　建设单位：三峡大学
设计时间：2019 年　基地面积：28 271 m²
建设情况：建设中　建筑面积：61 781 m²

湖北工程职业学院新校区建设项目

建设地点：湖北省黄石市　建设单位：湖北工程职业学院 / 黄石市城市发展投资集团有限公司
设计时间：2019 年　基地面积：727 121 m²
建设情况：未实施　建筑面积：528 690 m²

内江一中扩建项目

建设地点：四川省内江市　　建设单位：四川省内江市第一中学
设计时间：2019 年　　基地面积：123 730 m²
建设情况：2022 年竣工　　建筑面积：140 169 m²

广西理工学院规划设计

建设地点：广西壮族自治区南宁市　　建设单位：广西理工学院
设计时间：2020 年　　基地面积：1 336 423 m²
建设情况：待建　　建筑面积：882 200 m²

小平干部学院改扩建工程

建设地点：四川省广安市　　建设单位：小平干部学院
设计时间：2020 年　　基地面积：433 110 m²
建设情况：建设中　　新建建筑面积：75 747 m²

电子科技大学永宁校区总体规划

建设地点：四川省成都市　　建设单位：电子科技大学
设计时间：2020 年　　基地面积：343 811 m²
建设情况：待建　　建筑面积：436 223 m²

内江师范学院新校区体育中心

建设地点：四川省内江市　　建设单位：内江师范学院
设计时间：2020 年　　基地面积：212 891 m²
建设情况：待建　　建筑面积：71 002 m²

电子科技大学清水河校区文科楼

建设地点：四川省成都市　　建设单位：电子科技大学
设计时间：2020 年　　基地面积：44 000 m²
建设情况：待建　　建筑面积：82 926 m²

武胜乡村振兴干部学院

建设地点：四川省广安市　　建设单位：中国共产党武胜县委员会党校
设计时间：2020 年　　　　　基地面积：73 053 m²
建设情况：建设中　　　　　　建筑面积：27 968 m²

四川师范大学青白江校区

建设地点：四川省成都市　　建设单位：成都青白江蓉欧园区运营管理有限公司
设计时间：2021 年　　　　　合作单位：上海同济城市规划设计研究院有限公司
建设情况：建设中　　　　　　基地面积：677 000 m²　　建筑面积：459 700 m²

成都中医药大学附属医院天府院区

建设地点：四川省成都市　　建设单位：四川三利地产有限责任公司
设计时间：2015 年　　　　　建筑面积：223 000 m²
建设情况：未实施

西充县城南医疗康养中心

建设地点：四川省南充市　　建设单位：西充县德恒医疗投资有限责任公司
设计时间：2020 年　　　　　基地面积：102 460 m²
建设情况：建设中　　　　　　建筑面积：125 657 m²

自贡市第四人民医院

建设地点：四川省自贡市　　建设单位：自贡市第四人民医院
设计时间：2020 年　　　　　用地面积：109 118 m²
建设情况：建设中　　　　　　建筑面积：334 996 m²

达州市第一人民医院

建设地点：四川省达州市　　建设单位：达州康态建设投资有限公司
设计时间：2020 年　　　　　基地面积：147 501 m²
建设情况：建设中　　　　　　建筑面积：341 678 m²

文化体育项目

冕宁红军长征纪念馆

建设地点：四川省凉山彝族自治州　　建设单位：冕宁县精神文明建设委员会办公室
设计时间：2013 年　　基地面积：1600 m²
建设情况：2015 年竣工　　建筑面积：2280 m²

内江大剧院

建设地点：四川省内江市　　建设单位：内江建工集团有限责任公司
设计时间：2015 年　　基地面积：20 179 m²
建设情况：待建　　建筑面积：32 615 m²

西南医科大学综合体育区（二期）

建设地点：四川省泸州市　　建设单位：西南医科大学
设计时间：2016 年　　基地面积：82 000 m²
建设情况：2021 年竣工　　建筑面积：46 600 m²

新津市民中心

建设地点：四川省成都市　　建设单位：成都市新津县城乡建设投资有限责任公司
设计时间：2016 年　　基地面积：24 000 m²
建设情况：未实施　　建筑面积：56 000 m²

潜江市文化中心

建设地点：湖北省潜江市　　建设单位：潜江市文化中心建设指挥部
设计时间：2017 年　　基地面积：73 436 m²
建设情况：建设中　　建筑面积：49 100 m²

四川报业博物馆

建设地点：四川省成都市　　建设单位：四川日报报业集团
设计时间：2021 年　　基地面积：1977 m²
建设情况：建设中　　建筑面积：1897 m²

商住产业园

贺州产学研基地

建设地点：广西省贺州市
建设单位：广西贺州天贺投资有限责任公司
设计时间：2015 年
基地面积：55 140 m²
建设情况：未实施
建筑面积：269 012 m²

果洛州文化旅游中心项目——民族风情商业街

建设地点：青海省果洛藏族自治州
建设单位：果洛藏族自治州文化体育局
设计时间：2015 年
基地面积：9446 m²
建设情况：2017 年竣工
建筑面积：5960 m²

峨眉半山七里坪 F1、H2、H3 地块

建设地点：四川省眉山市
建设单位：四川洪雅七里坪半山旅游开发有限公司
设计时间：2015 年
基地面积：182 226 m²
建设情况：建设中
建筑面积：43 133 m²

泸州老窖营销网络指挥中心改扩建项目

建设地点：四川省泸州市
建设单位：泸州老窖股份有限公司
设计时间：2017 年
基地面积：66 112 m²
建设情况：2020 年竣工
建筑面积：71 672 m²

泸县经济发展服务中心项目工程概念规划和一期方案设计

建设地点：四川省泸州市
建设单位：四川省泸州投资开发有限公司
设计时间：2019 年
基地面积：65 917 m²
建设情况：未实施
建筑面积：185 343 m²

新川 5G 互联科创园

建设地点：四川省成都市
建设单位：中新（成都）创新科技园开发有限公司
设计时间：2020 年
基地面积：126 080 m²
建设情况：建设中
建筑面积：433 910 m²

援建扶贫项目

4·20 雅安芦山地震宝兴县灾后重建项目

建设地点：四川省雅安市　　合作单位：上海同济城市规划设计研究院有限公司
设计时间：2013—2016 年　　建筑面积：757 887 m²
建设情况：2016 年竣工

凉山彝族自治州昭觉县易地扶贫搬迁援建

建设地点：四川省凉山彝族自治州　　建设单位：昭觉县国有投资发展有限责任公司
设计时间：2019 年　　基地面积：387 262 m²
建设情况：2020 年竣工　　建筑面积：398 860 m²

长宁县双河镇大师文旅建筑群

建设地点：四川省宜宾市　　建设单位：长宁县城市建设投资有限公司
设计时间：2020 年　　建筑面积：1500~2100 m²
建设情况：2021 年竣工

公共景观项目

花红堰小镇东、西入口建设工程

建设地点：四川省成都市　　建设单位：成都市新津花红堰投资有限公司
设计时间：2015 年　　合作单位：上海同济城市规划设计研究院有限公司
建设情况：2017 年竣工　　基地面积：10 hm²

龙凤古镇半岛生态公园设计

建设地点：四川省遂宁市　　建设单位：四川奥庄实业有限公司
设计时间：2016 年　　基地面积：11 hm²
建设情况：2019 年竣工　　建筑面积：9053 m²

百里长渠（红梅路至紫月路段）生态景观带设计

建设地点：湖北省潜江市　　建设单位：潜江市城乡规划局、潜江市排水
设计时间：2016 年　　改造项目紫月湖排水改造工程建设指挥部
建设情况：2020 年竣工　　基地面积：54 hm²

蜀南竹海国家级风景名胜区景观提升项目

建设地点：四川省宜宾市　　建设单位：宜宾市蜀南竹海旅游发展有限公司
设计时间：2018 年　　　　　基地面积：456 000 m²
建设情况：2022 年竣工　　　 建筑面积：7770 m²

中国科学技术大学（高新园区）校园景观设计

建设地点：安徽省合肥市　　建设单位：合肥量子信息与量子科技创新
设计时间：2017 年　　　　　研究院暨中科大高新园区建设有限公司
建设情况：建设中　　　　　基地面积：39 hm²

简阳市高铁公园

建设地点：四川省简阳市　　建设单位：四川雄州实业有限责任公司
设计时间：2018 年　　　　　基地面积：38 hm²
建设情况：未实施　　　　　建筑面积：1776 m²

宜宾市民中心景观工程

建设地点：四川省宜宾市　　建设单位：四川新宜建设投资集团有限公司
设计时间：2018 年　　　　　用地面积：13 hm²
建设情况：2022 年竣工　　　 绿地面积：6 hm²

内江市张大千博物馆景观工程

建设地点：四川省内江市　　建设单位：内江大千文化旅游产业园管理委员会
设计时间：2018 年　　　　　基地面积：6604 m²
建设情况：2019 年竣工　　　 景观面积：4973 m²

衢州高铁新城智慧产业园（四期）项目景观设计

建设地点：浙江省衢州市　　建设单位：衢州市智慧置业有限公司
设计时间：2020 年　　　　　基地面积：12 hm²
建设情况：建设中　　　　　建筑面积：3 hm²

光明高中园景观设计

建设地点：广东省深圳市　　建设单位：深圳市光明区建筑工务署
设计时间：2020 年　　基地面积：15 hm²
建设情况：2022 年竣工　　建筑面积：27 hm²

安徽医科大学新医科中心（新校区）景观设计

建设地点：安徽省合肥市　　建设单位：安徽医科大学
设计时间：2021 年　　基地面积：143 hm²
建设情况：建设中　　绿地面积：41 hm²

烂柯山世界围棋文化园——王质遇仙山径

建设地点：浙江省衢州市　　建设单位：衢州市城市建设投资集团有限公司
设计时间：2022 年　　基地面积：15 hm²
建设情况：待建

烂柯山围棋公园

建设地点：浙江省衢州市　　建设单位：衢州市城市建设投资集团有限公司
设计时间：2022 年　　基地面积：21 hm²
建设情况：待建　　建筑面积：12 hm²

眉山城市新中心（一期）中央公园

建设地点：四川省眉山市　　建设单位：眉山市国有资本投资运营集团有限公司
设计时间：2022 年　　基地面积：79 hm²
建设情况：未实施　　建筑面积：4 hm²

鹤壁工程技术学院新校区景观设计

建设地点：河南省鹤壁市　　建设单位：鹤壁工程技术学院筹建处
设计时间：2022 年　　基地面积：750 690 m²
建设情况：建设中

附录

获奖项目一览表

- **四川城市职业学院眉山新校区规划设计**
  1. 2021 年度教育部优秀工程勘察设计规划设计一等奖
  2. 图书馆于 2021 年获四川省第三届"李冰奖·绿色建筑"一等奖
  3. 公共教学楼获 2020 年四川省优秀工程勘察设计二等奖
  4. 入选教育部规划发展中心优秀高职校园图集

- **北京吉利学院整体搬迁成都项目**
  1. 2021 年度教育部优秀工程勘察设计规划设计一等奖
  2. 上海市建筑学会第九届建筑创作奖佳作奖
  3. 入选教育部规划发展中心优秀高校园规划图集

- **船山区龙凤镇龙凤社区水利综合治理项目（半岛生态公园）**
  1. 2022 年度四川省优秀工程勘察设计三等奖
  2. 2018 年度 TJAD 第十四届建筑创作奖三等奖

- **昭觉县易地扶贫搬迁县城集中安置项目——沐恩邸社区**
  2022 年度四川省优秀工程勘察设计二等奖

- **大千博物馆景观工程设计**
  1. 2021 年上海市建筑学会第九届建筑创作奖提名奖
  2. 2020 年度 TJAD 第十六届建筑创作奖三等奖

- **潜江市文化中心**
  1. 2019 年获四川省第三届"李冰奖·绿色建筑"三等奖
  2. 2018 年度 TJAD 第十四届建筑创作奖二等奖

- **内江师范学院新校区**
  2019 年度教育部优秀工程勘察设计规划设计二等奖

- **都江堰市北街小学实验外国语学校宿舍楼抗震加固工程（校安工程）**
  2017 年度四川省优秀工程勘察设计一等奖

- **温江文体中心**
  大剧院获 2018 年度 TJAD 第十四届建筑创作奖二等奖

- **自贡市第四人民医院突发公共事件紧急医学救援中心建设项目、川南平战结合医疗救治基地建设项目、川南危急重症诊疗中心建设项目**
  2021 年度 TJAD 第十七届建筑创作奖三等奖

- **内江一中扩建项目**
  2020 年度 TJAD 第十六届建筑创作奖三等奖

- **蜀南竹海国家级风景名胜区景观提升项目**
  2020 年度 TJAD 第十六届建筑创作奖三等奖

- **中国科学技术大学高新园区景观工程**
  2019 年度 TJAD 第十五届建筑创作奖三等奖

- **花红堰小镇东、西入口建设工程**
  2017 年度 TJAD 第十三届建筑创作奖三等奖

- **四渡赤水干部学院项目**
  2019 年度 TJAD 第十五届建筑创作奖鼓励奖

- **紫月湖中央公园设计**
  2019 年度 TJAD 第十五届建筑创作奖鼓励奖